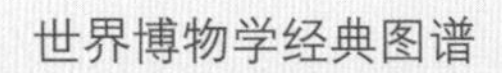

世界博物学经典图谱

通用博物学图典

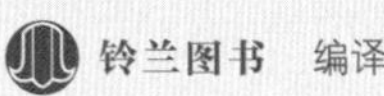

[法] 夏尔·亨利·德萨利纳·奥尔比尼 著
Charles Henry Dessalines d'Orbigny

铃兰图书 编译

中国青年出版社

图书在版编目（CIP）数据

通用博物学图典 /（法）奥尔比尼著；铃兰图书编译.
—北京：中国青年出版社，2015.8
（世界博物学经典图谱）
ISBN 978-7-5153-3772-2

Ⅰ.①通… Ⅱ.①奥… ②铃… Ⅲ.①植物—图谱

②动物—图谱 Ⅳ.①Q94-49 ②Q95-49

中国版本图书馆CIP数据核字（2015）第198569号

责任编辑：彭　岩　苏小珺

*

中国青年出版社出版 发行
社址：北京东四12条21号　邮政编码：100708
网址：www.cyp.com.cn
编辑部电话：（010）57350407　门市部电话：（010）57350370
北京方嘉彩色印刷有限责任公司印刷　新华书店经销

*

710×1000　1/16　21印张　4插页
2015年9月北京第1版　2017年11月北京第4次印刷
印数：9001-12000册　定价：88.00元
本书如有印装质量问题，请凭购书发票与质检部联系调换
联系电话：（010）57350337

总序：

博物图谱——死去的学科与活着的文化

博物志或博物学，西方传统叫“Natural History”，意即对自然的描述和研究。早在古希腊时代，就已经出现了具有学科特点的博物学研究，例如亚里士多德就曾依照一种目的论观念描述了世界的构成和自然万物的秩序，尤其他的动物志研究，可谓博物学的滥觞之作。接着，亚里士多德的学生泰奥弗拉斯托斯将分类原则引入植物的描述，依照植物的形态学或繁殖模式来界定植物类别，成为“植物学之父”。再接着是古罗马作家老普林尼卷帙浩繁的《自然史》，在这部百科全书式的著作中，老普林尼建立了一个无所不包的“自然史”，从自然世界的矿物学、植物学和动物学到人造世界的冶金学和艺术，全都囊括其中。

然而，在西方，博物学作为一门学科的真正兴盛开始于16世纪。要了解这一过程，有几个背景值得关注。

16世纪是欧洲文艺复兴走向鼎盛的时代。文艺复兴的核心主题就是人的发现和自然的发现，它本质上就是要求用人自己的目光重新打量人的世界和自然世界，并且是在古典学术的理性原则引导下进行的。于是，伴随着古典学术的复兴，从亚里士多德到老普林尼的关于自然的知识重新被发现，对自然及其秩序的“再现”成为了时代的一种文化冲动。

16世纪还是宗教改革的时代。1517年马丁·路德发起的宗教改革是继文艺复兴之后对近代欧洲产生了巨大影响的一次思想文化运动，它实际上是基督教信仰的世俗化，是对中世纪以来基督教传统确立的世界秩序的一次去魅。正是这样的去魅，使自然可以如其本然地出现在人的面前——虽然人们并没有因此完全否定或抛弃自然作为神圣之见证的一面。

16世纪还是地理大探险的时代。伴随着达·伽马和哥伦布在海上的探险航行，西方揭开了向全球拓殖的序幕。来自海外与殖民地的奇珍异物不仅激发了人们对新奇事物和财富积聚的热情，也要求人们在古典知识体系的基础上重新配置物的世界，将未知之物纳入可理解的物体系中。尤其是，在这种配置中，物的世界重新被象征化——王朝的帝国想象，贵族和资本家对财富的贪欲，市民阶级对自由的世界市场的渴望，还有工商业城市的迅速崛起，以及伴随海外拓殖而形成的以欧洲为中心的世界主义观念——这一切都可以通过对物体系的重新表征而获得确认。

16世纪也是科学革命的时代。16—17世纪的科学革命是基于经验观察和数学分析的知识革命，是人类用理性之光照亮自然的秩序，也是人类知识冲动向自然深处的强力挺进，为此科学家们不仅发明了远望星空的望远镜，也发明了窥探物质内部结构的显微镜。1665年，英国皇家学会会员、著名物理学家罗伯特·胡克在《微观画集》里揭示了显微镜观察下的软木切片中微小蜂房状的空腔，并名之为“细胞”。物质的微观结构由此获得了切近的可见性，这极大地影响了人类对自然知识的重新配置。

上面这些背景与博物学的自然知识建构交错纠缠在一起，催生了博物学研究的新时代。实际上，在这些看似各自独立的背景事件中，有一个东西构成了它们的链接点，那就是“物体系”的建立，即人们遵循一定的逻辑或原则对自然万物进行分类、命名和描述，博物学正是这种建构“物体系”的技术。但另一方面，也正是这些事件的共时态并置，正是它们之间的互动和影响，使得博物学对自然知识的建构远不止是单纯的科学行为，而是同时在其中混杂和嵌入了时代的权力意志，例如殖民主义和国家主义的意识形态诉求。其中最典型的就是宫廷及贵族对奇珍异物的收藏热情，那些收藏品不仅自身是财富，同时还是财富的象征物，是国家或家族的经济实力和政治实力的见证物。博物学对这类物品的描述就属于这种意识形态运作的一部分。

其实，在博物学朝向学科发展的过程中，还有一个东西发挥了至关重要的作用，那就是印刷术。近代铅活字印刷术发明于15世纪中期，很快地，西方人就将它用于印制《圣经》和各种手册性的、类似于现在的教材的知识普及读物。由于这个时候能够进行文字阅读的人很少，所以那些普及读物常常要配上插图，图文书就这样在宫廷和社会上流行开来。当16世纪博物学走向兴盛的时候，自然而然借用了这种图文并茂的形式。这就是现今所谓的“博物图谱”。

早期图文书在图文关系的处理上不外乎两种形式：或以文字为主，或以插图为主。一般来说，《圣经》或祈祷书都以文字为主，而知识普及性质的书籍多以插图为主。16世纪的博物学著作基本属于后一种，某种意义上说，那时的博物志就是自然图像志。例如德国植物学三巨头莱昂哈特·福克斯、奥托·布伦菲尔斯和希耶罗尼姆斯·博克的植物图谱，意大利博物学家乌利塞·阿尔德罗万迪的动物图谱，都是以插图——水彩或版画——附带文字，它们不仅是近代博物学的奠基之作，也为博物图谱确立了基本的格式。

博物学不只是对物的收集和描述，其最根本的任务是“物体系”的建立，即按照一定的分类学原则来建立物世界的“本然”秩序。所以在博物学的物体系再现中，每个物在象征轴上的意义层面被悬置，物被置于同类的相邻物的关系中得到界定，物和物之间是一种毗邻关系，这一关系导致物的识别变得尤为重要。博物学著作采用图谱形式很大程度上就是为了方便人们快速地记忆和精确地识别。因此，博物图谱与作为高级艺术的绘画在物的再现上存在明显的差异：前者强调的是对物种外观的忠实再现，文字部分一般是标示物种的名称、别称、拉丁名、生长地或产地等，药用植物图谱还会标示出物的用途。正是基于这样的功能要求，博物图谱在物的再现上常常采用一种“立体”图示法，例如植物图谱不仅会画出一株植物的根茎，还会同时画出它的花和果，乃至它的“死亡”，以显示我们对物的自然状态的客观观察。

到19世纪中叶，随着体系化的现代科学知识的完善，西方博物学作为一门学科已经走到了它的尽头，它的任务被各个分支科学所取代。但其存在的价值和活力仍在另一个方面延续了一段时间，那就是殖民主义事业。那时的许多博物学家也是探险家，他们的脚步紧跟着帝国殖民的推进。例如鸦片战争之前，就有英国博物学家或他们的代理在广州进行动植物标本采集；鸦片战争之后，他们的足迹逐渐深入到内地。那时，收集动植物标本的数量毕竟有限，长时间的保存更是不易，所以雇佣画工用图画形式描绘标本就成为最常用的手段，其中最具代表性的是东印度公司的茶叶监督员里夫斯，他不仅为英国博物学家约瑟夫·班克斯及园艺学会采集、输送了上千种植物标本，还请人绘制了上千幅动植物图画。然而，如同博物学随着现代科学的出现而走向没落一样，手绘博物图谱也随着摄影术的发明而走向了终结。在今天，除科学史家以外，很少有人会从学科的角度关注博物学和博物图谱，它们已经成为一种文化遗存，是人类认识和再现自然的总体文化史的重要部分。

作为一种文化史，博物图谱不仅涉及时代的知识分类和对象描述，还涉及时代的图绘技术和印刷技术，它们以最为直观的可见形式保存了各个时代文化及文明的印痕，它们就像文明的密码，需要我们用文化的视角去解读。而这也正是今天去阅读这些图谱时应当采取的态度。

正是基于这样一种特殊的知识考古学热情，中国青年出版社策划出版了这个“世界博物学经典图谱”系列丛书，其中选取了多位博物学家的作品。这些博物学家中的一些在博物学的发展过程中可能算不上鼎鼎大名，因而他们本人及其作品一直被尘封而不为人知。但是，他们编辑制作的博物图谱技艺精湛，富有浓重的装饰风格，在趣味性、知识性和欣赏性的结合上堪称上乘。特别是，由于受到解剖学和实证主义的影响，这些插图十分讲究植物肌理的呈现，文字描述很少含有想象或虚构的成分（这是传统博物图谱的一个重要特征）。那些植物或花卉以其自有的方式呈现着，每一个都构成了自足的整体，而在那些文字、笔触、肌理分析和印制工艺中，我们也能够明确感知到时代的印痕，它们就像站在远处向我们凝望的历史，只要你有一双历史的慧眼，就可以解读到掩藏在里面的讯息。

中国人民大学哲学院　吴琼

2015年 夏

出版说明

《通用博物学大词典》（DICTIONNAIRE UNIVERSEL D'HISTOIRE NATURELLE）是在法国著名植物学家、地质学家夏尔·亨利·德萨利纳·奥尔比尼（Charles Henry Dessalines d'Orbigny，1806—1876）的主持下编纂出版的。

全书共13卷，含图卷3卷，共9000多页，被誉为19世纪最杰出的博物学百科全书之一。可是，这部煌煌巨著的出版却不能完全归功于夏尔·亨利·德萨利纳·奥尔比尼，我们不得不提到他的哥哥阿尔西德·夏尔·维克托·马里·德萨利纳·奥尔比尼（Alcide Charles Victor Marie Dessalines d'Orbigny）。

阿尔西德·奥尔比尼是法国著名博物学家，其涉猎广泛，在动物学（特别是软体动物）、古生物学、地质学、考古学、人类学等领域均有建树。阿尔西德·奥尔比尼自幼开始对博物学抱有浓厚的兴趣，后来师从法国著名地质学家路易·科迪尔（Pierre Louis Antoine Cordier， 1777—1861）和伟大的博物学家乔治·居维叶（Georges Cuvier，1769—1832），最终成为一位名垂青史的博物学家。

1826—1834年，阿尔西德·奥尔比尼受巴黎博物馆之托，对南美洲进行了长达8年的考察。他造访了巴西、阿根廷、巴拉圭、智利、玻利维亚、秘鲁、厄瓜多尔及哥伦比亚，带回法国超过10000件样本。在此期间，他发现沉积岩的每一层都可以代表一个年代，有助于标识岩层中化石的年份，现代古生物地层学（stratigraphical paleontology）便开端于此；他对沉积岩中海洋微生物的研究，奠定了古微生物学（micropaleontology）的基础，对后来的石油开发有着不可估量的巨大价值；他发现并命名了睡莲科植物（Nymphaeaceae），将其介绍给全世界……8年的时间里，阿尔西德·奥尔比尼的考察之旅硕果累累。

在1832年，也就是奥尔比尼南美考察的同一阶段，达尔文也到达了南美洲（他正在进行著名的“‘小猎犬’号科学考察之旅”）。面对遥遥领先的阿尔西德·奥尔比尼，达尔文满腹牢骚地说：“奥尔比尼抢尽了所有风头。”但达尔文不得不承认，阿尔西德·奥尔比尼的南美之旅是一次“最为重要的考察”。

然而，比考察更为重要的善后工作，却是件令人头疼的事，如何完成对10000件样本鉴定、分类、编目等一系列繁琐工作呢？阿尔西德·奥尔比尼反复思考，最终决定请自己的弟弟夏尔·奥尔比尼来主持这项工作。自1843年开始，直至1849年，在兄弟俩的配合及众多科学家的支持之下，这部辉煌著作终于面世。

书中精致的手绘版画至今被人们津津乐道，为当时希望接受教育的大众打开了一扇迷人的自然之窗。图画中优美的线条与色调，准确的精度与细节，超凡脱俗的画面构图，给读者以强烈的真实感，这在19世纪的同类作品中非常少见，堪称科学绘画的巅峰之作。

今天，我们将书中全部版画插图以《通用博物学图典》的形式呈现，请读者领略尘封了一个多世纪的传世风采。

最后，需要说明的是：由于原书年代久远，书中的部分物种的拉丁名称已经发生了变化，但为保持其原貌，本版并未做改动；另外，原书中的部分动植物在中国没有分布，同时也没有相应的中文名，对于这种情况，本版中将只出现其原有拉丁名称。本书的拉丁名校订工作十分繁杂，此项工作得到了许多专家学者的帮助，在此我们一并致谢，他们是（排名不分先后）：

中国科学院动物所研究员黄复生、刘月英、卢汰春、贠莲、林美英、武春生、薛大勇、葛斯琴，牛泽清博士；中国科学院海洋研究所研究员张素萍、王永良，肖宁博士；南京大学吴岷教授；中国农业大学杨定教授；中国科学院成都生物研究所研究员江建平；浙江农林大学风景园林与建筑学院院长包志毅教授。

目　录

• 动　物 •

爬行类

两栖类

鱼类

无脊椎动物

节肢动物

昆虫纲

多足纲

蛛形纲

甲壳纲

软体动物

• 植 物 •

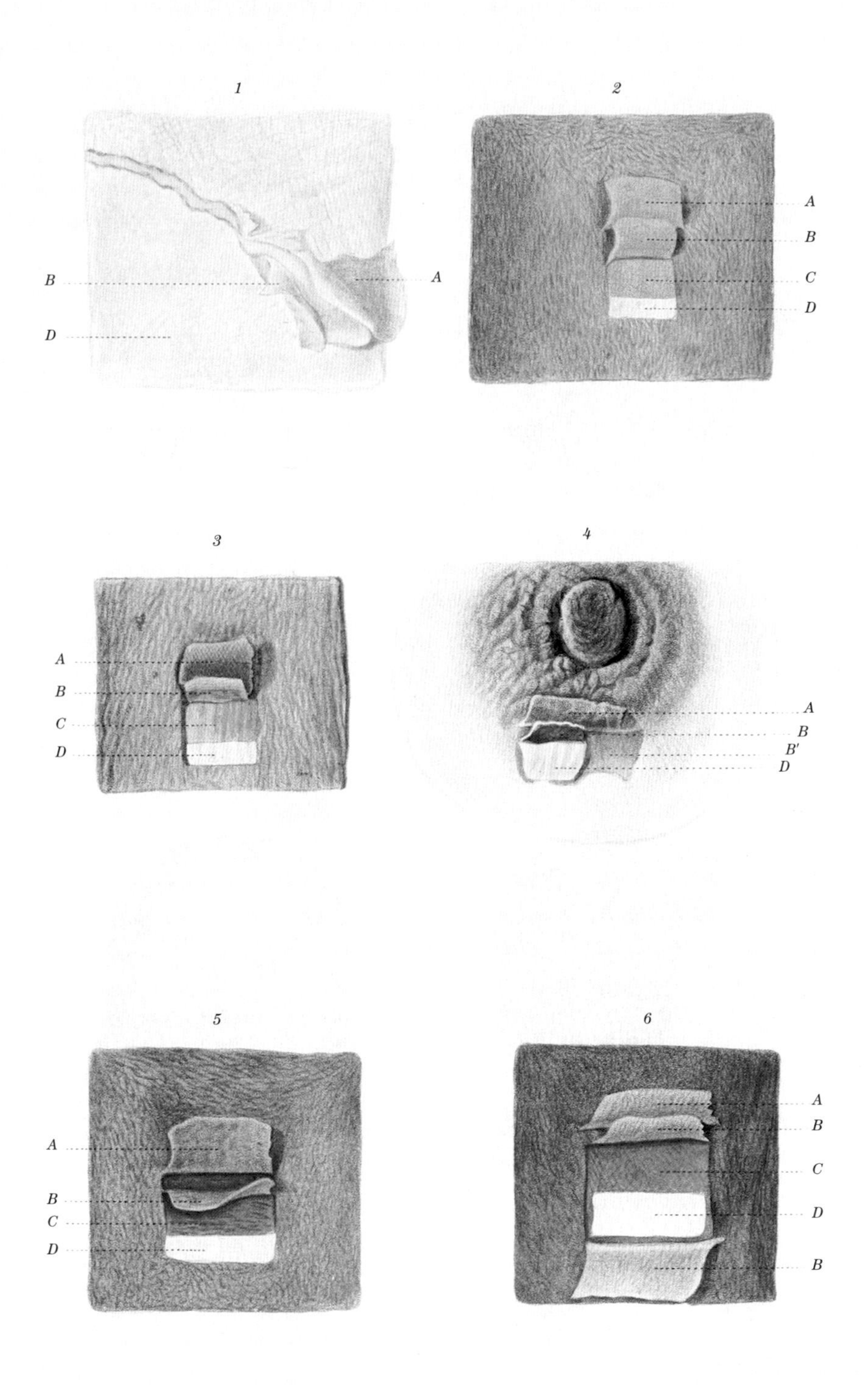

人体皮肤组织

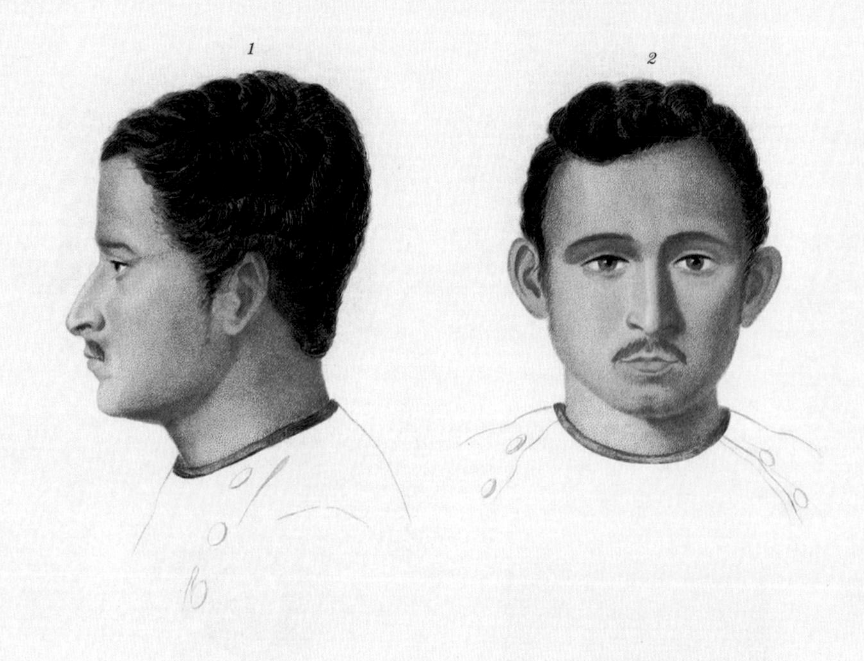

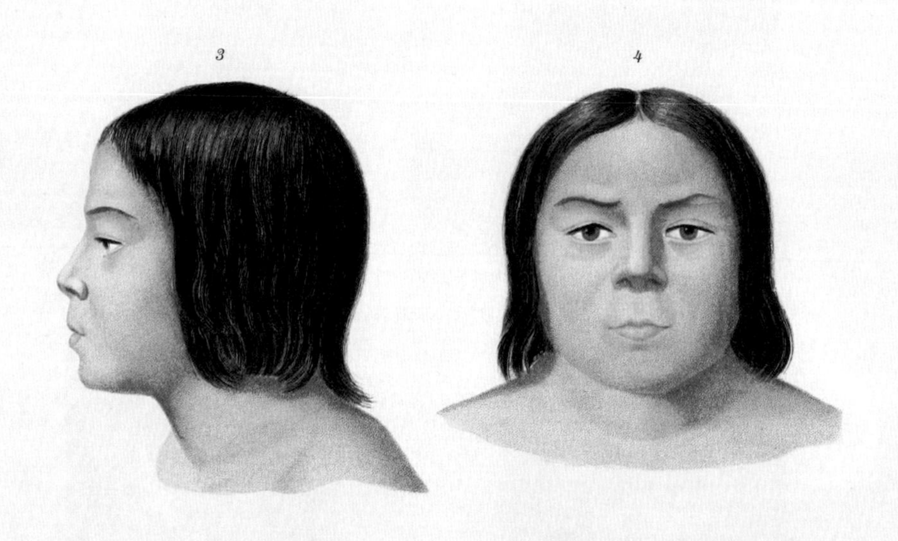

1.2.　孟加拉青年，20岁　　　3.4.　北美印第安部落少年，10岁

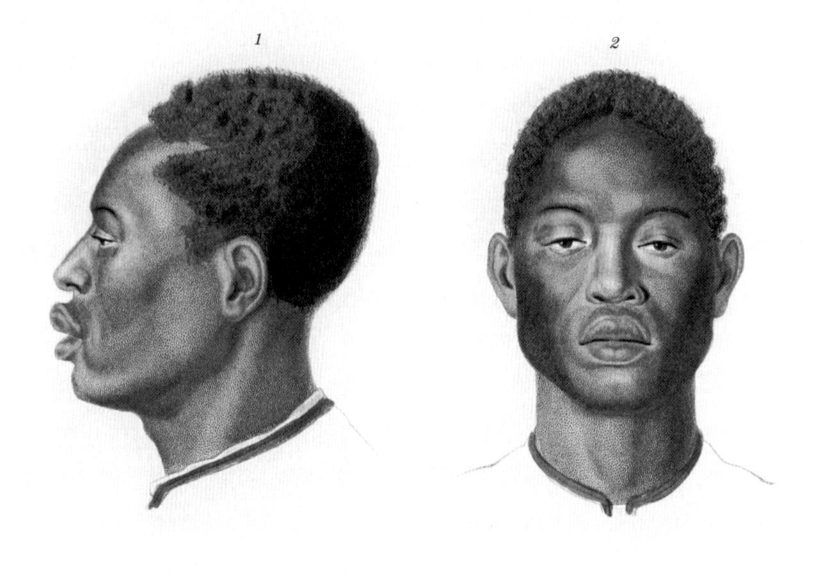

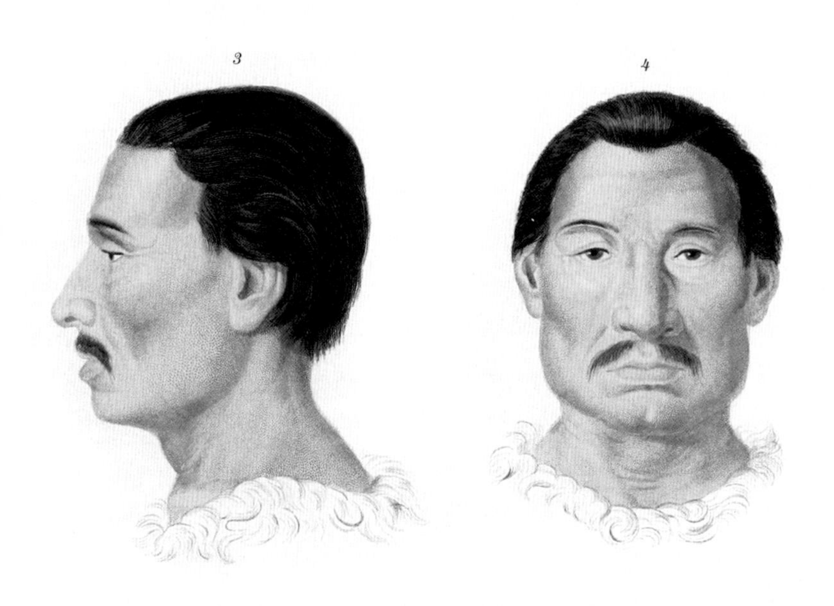

1.2. 黑人　　3.4. 沙瓦鲁人（南美印第安人）

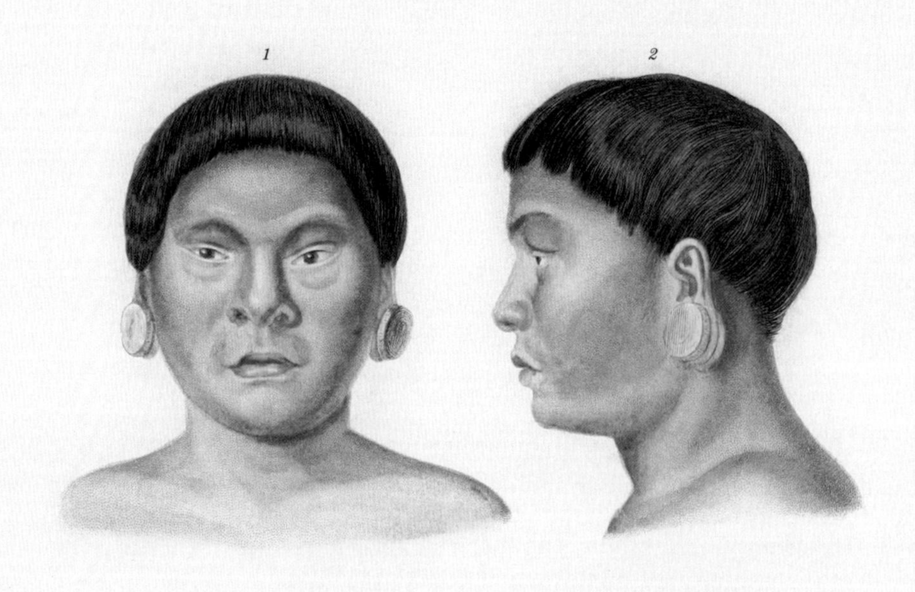

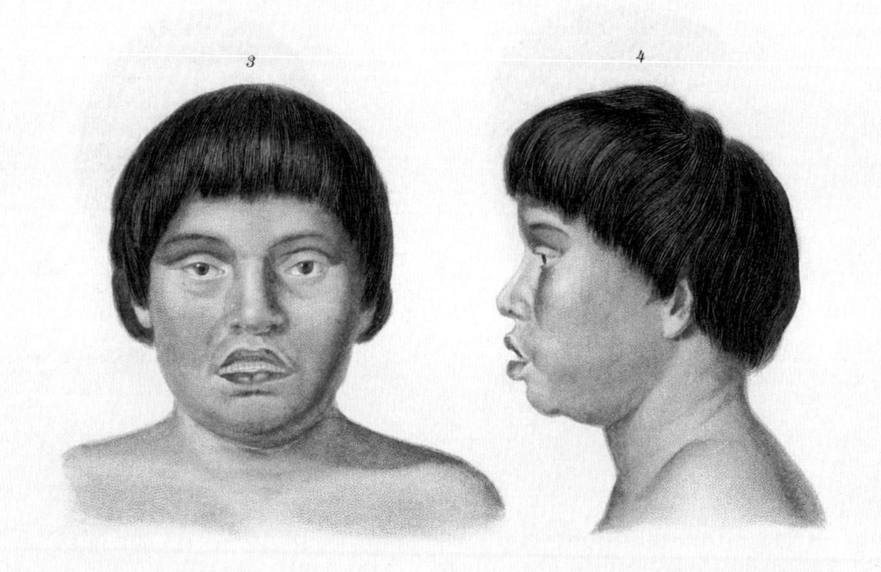

波托库多人（南美印第安人）

1.2. 男性　　3.4. 女性

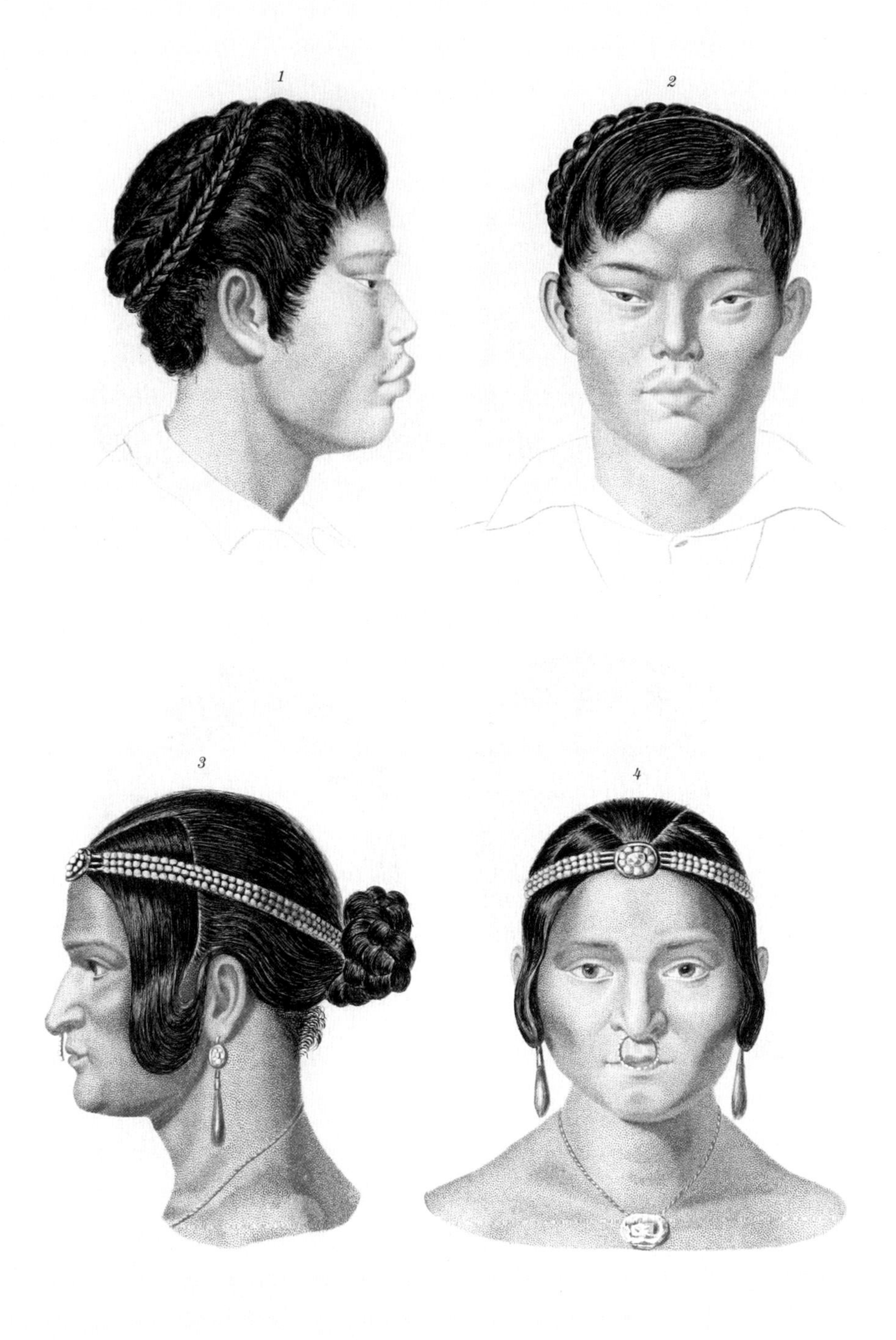

1.2.　连体双胞胎（自胸骨分支），25岁　　3.4.　加尔各答人（女性），22岁

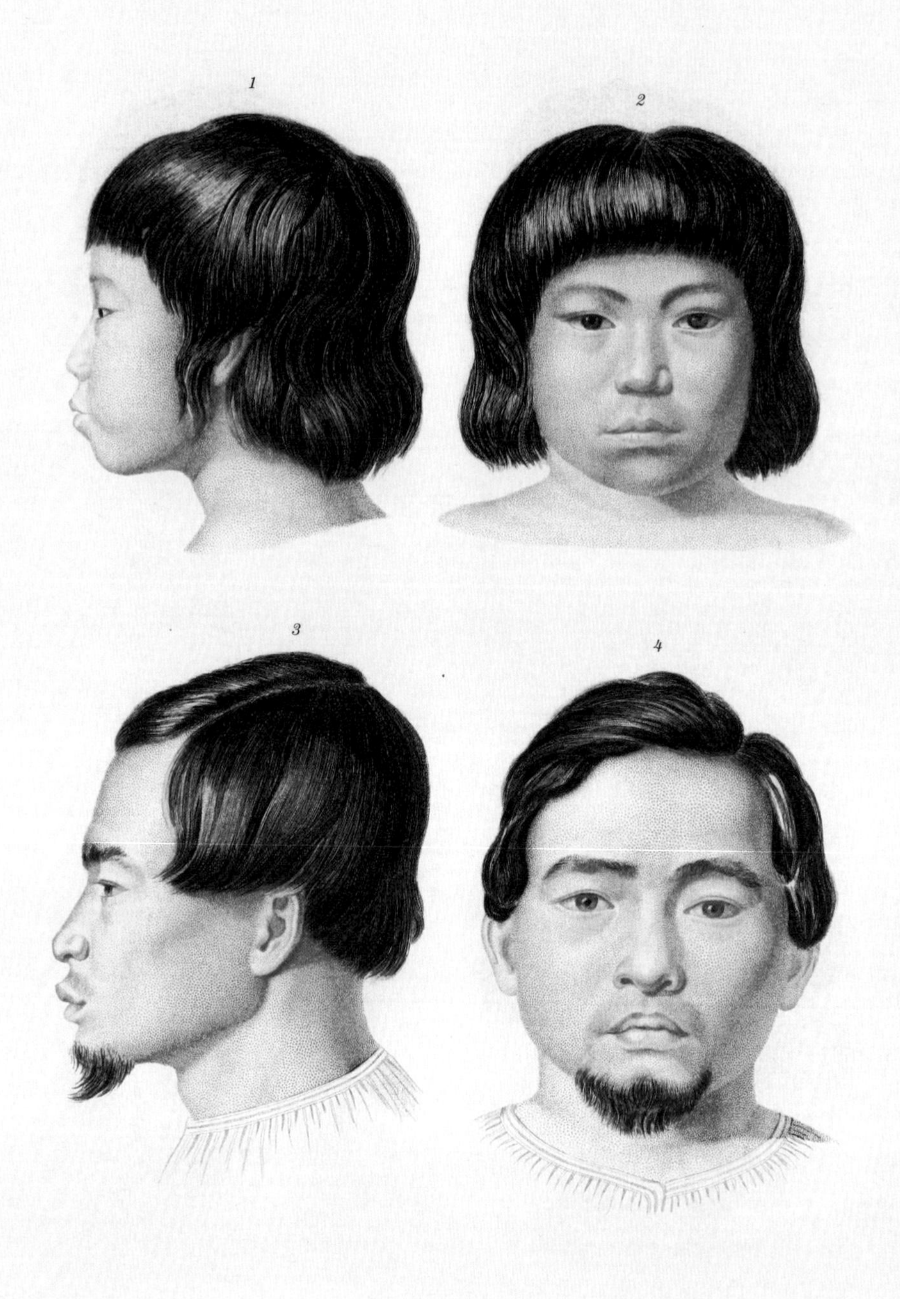

1.2. 巴西少年，12岁　　3.4. 马来仆人

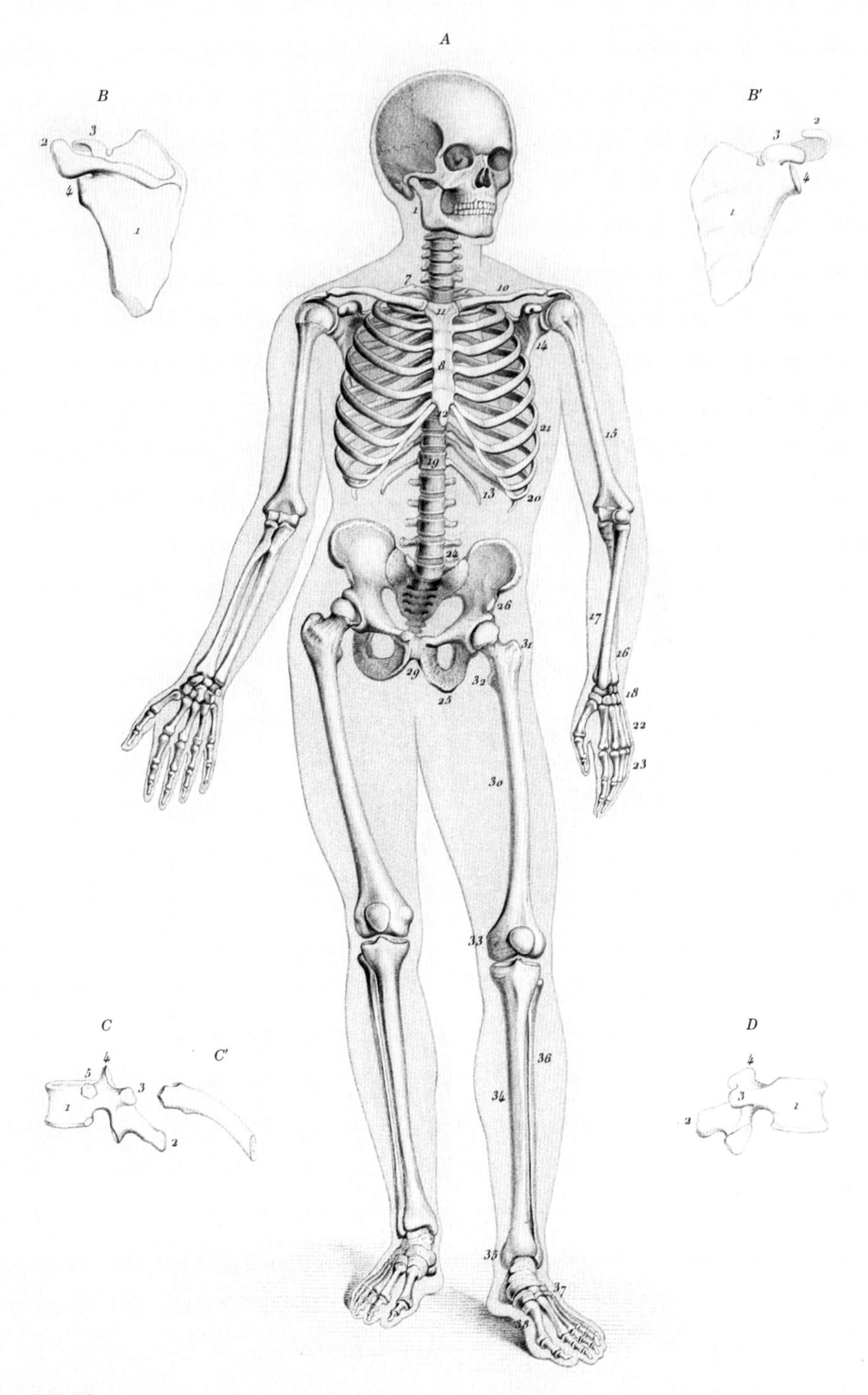

人体骨架

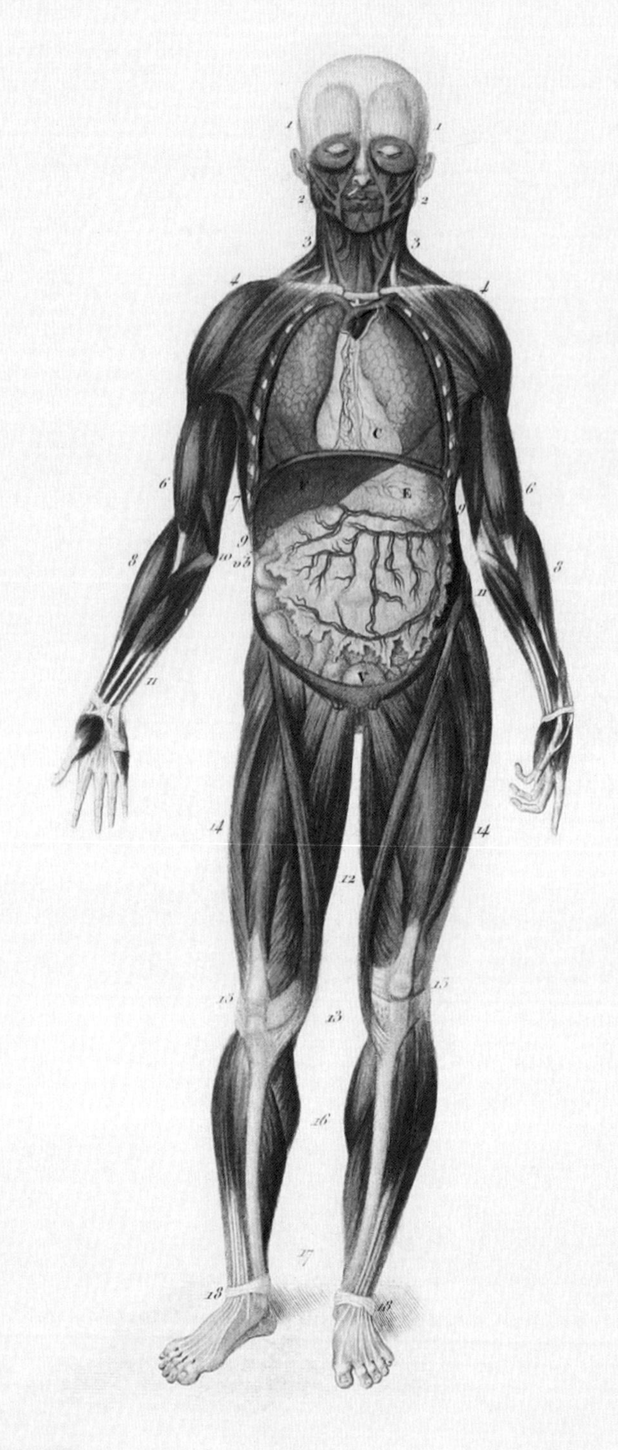

人的肌肉和内脏

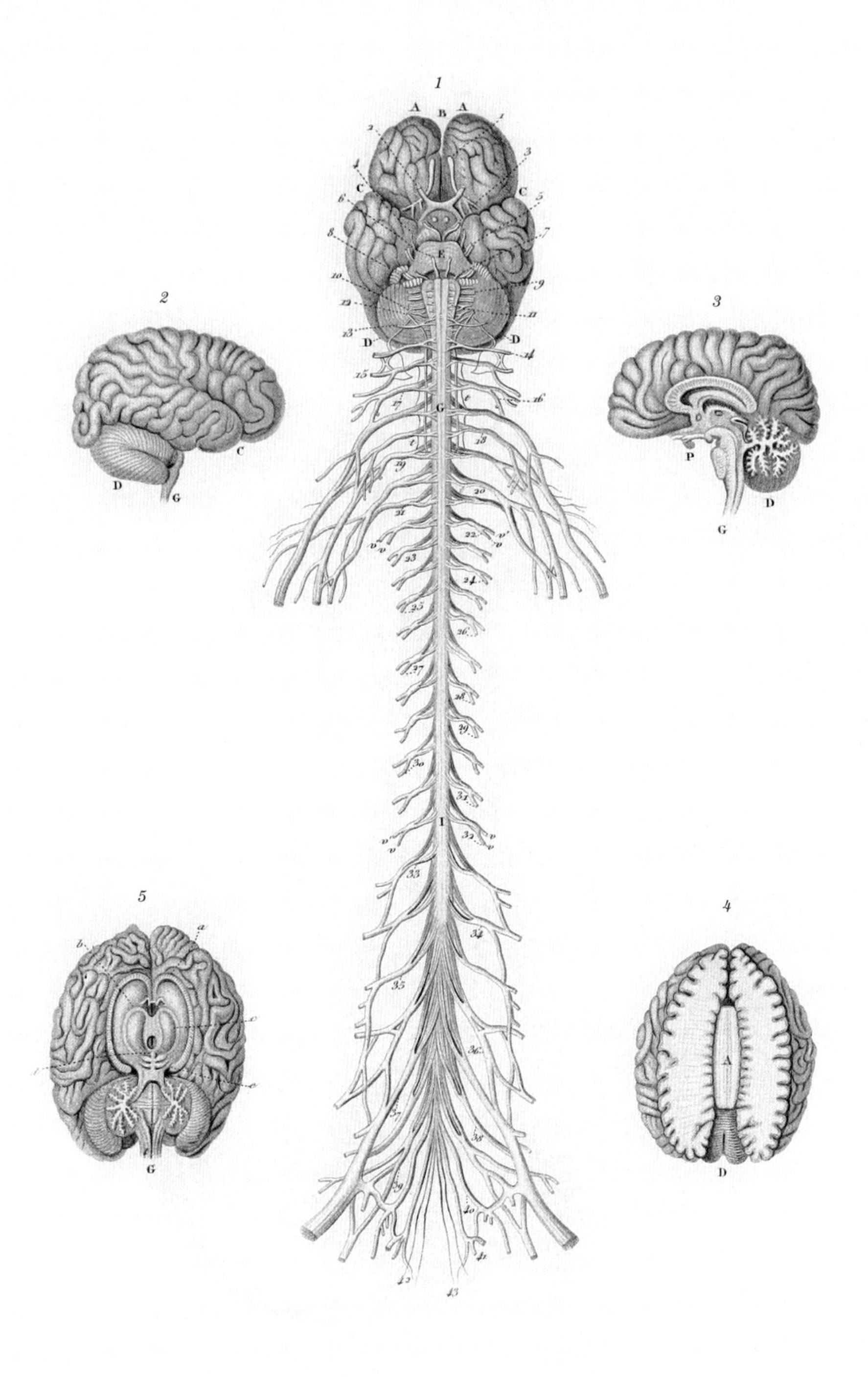

人的神经系统

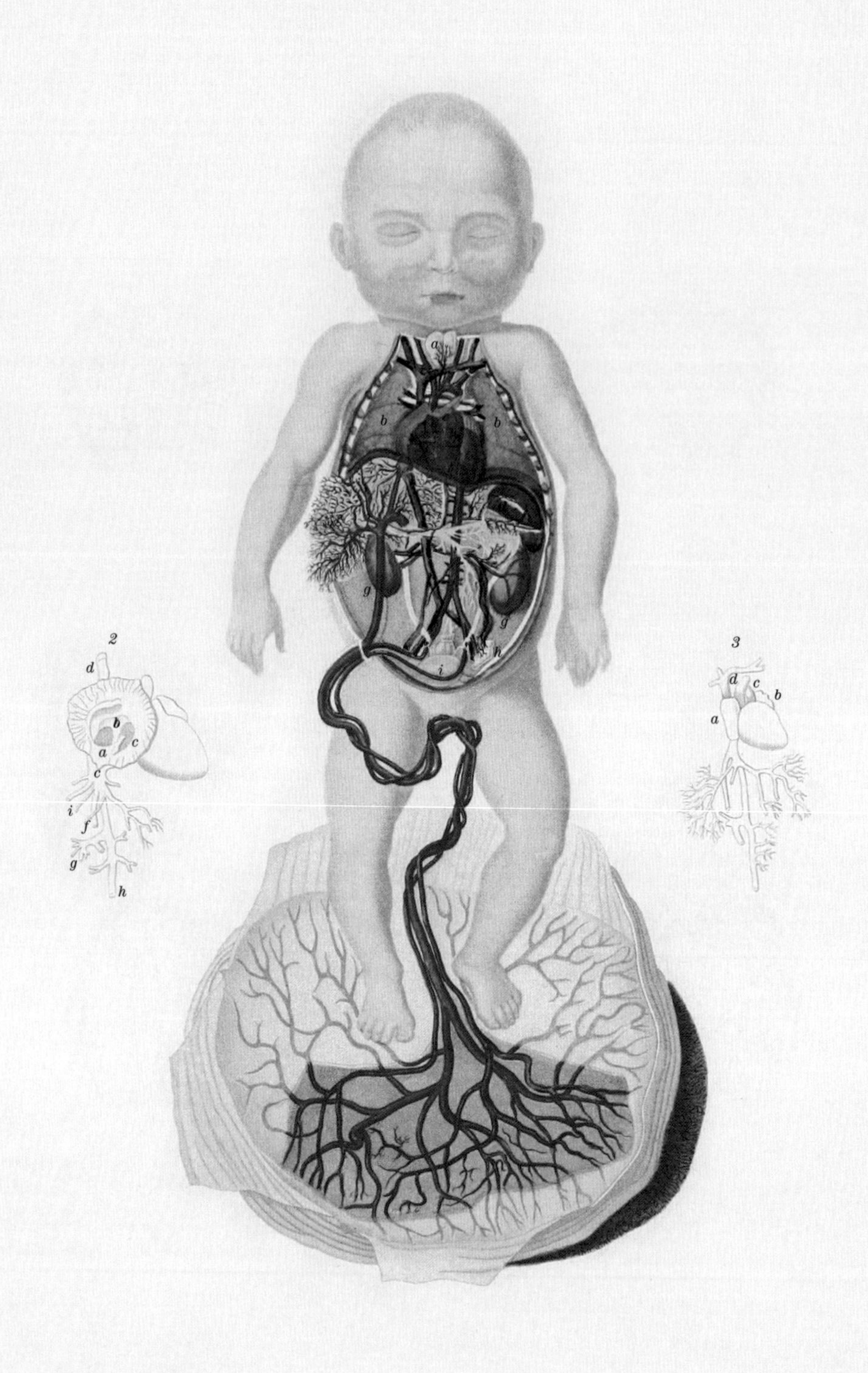

人类胎儿的血液循环

大猩猩

黑猩猩

青猴

悬猴

1. 赤狐猴　　　2. 环尾狐猴

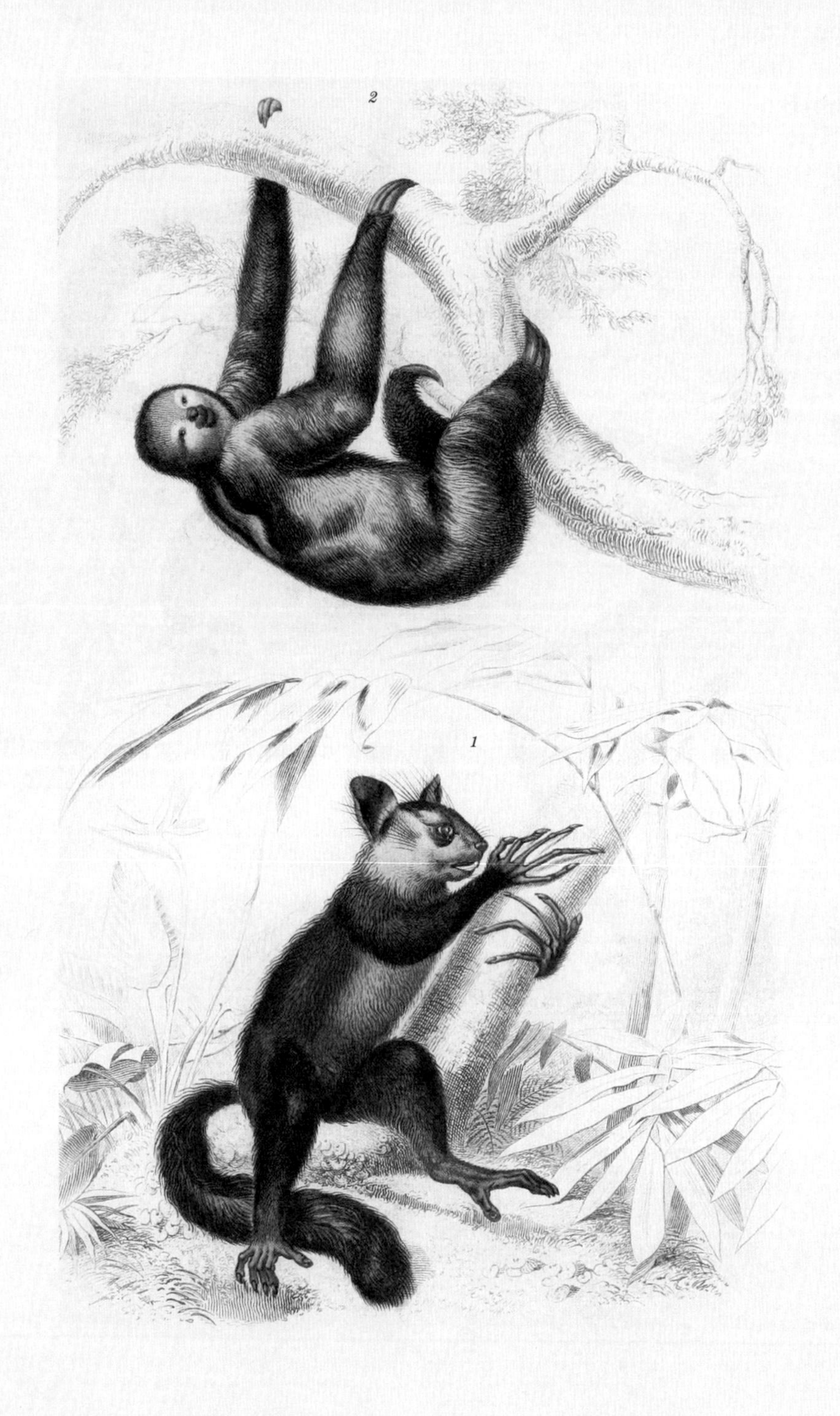

1. 指猴　　　　2. 三趾树獭

1. 假吸血蝠　　　　2. 菲律宾鼯猴

東泰狐蝠

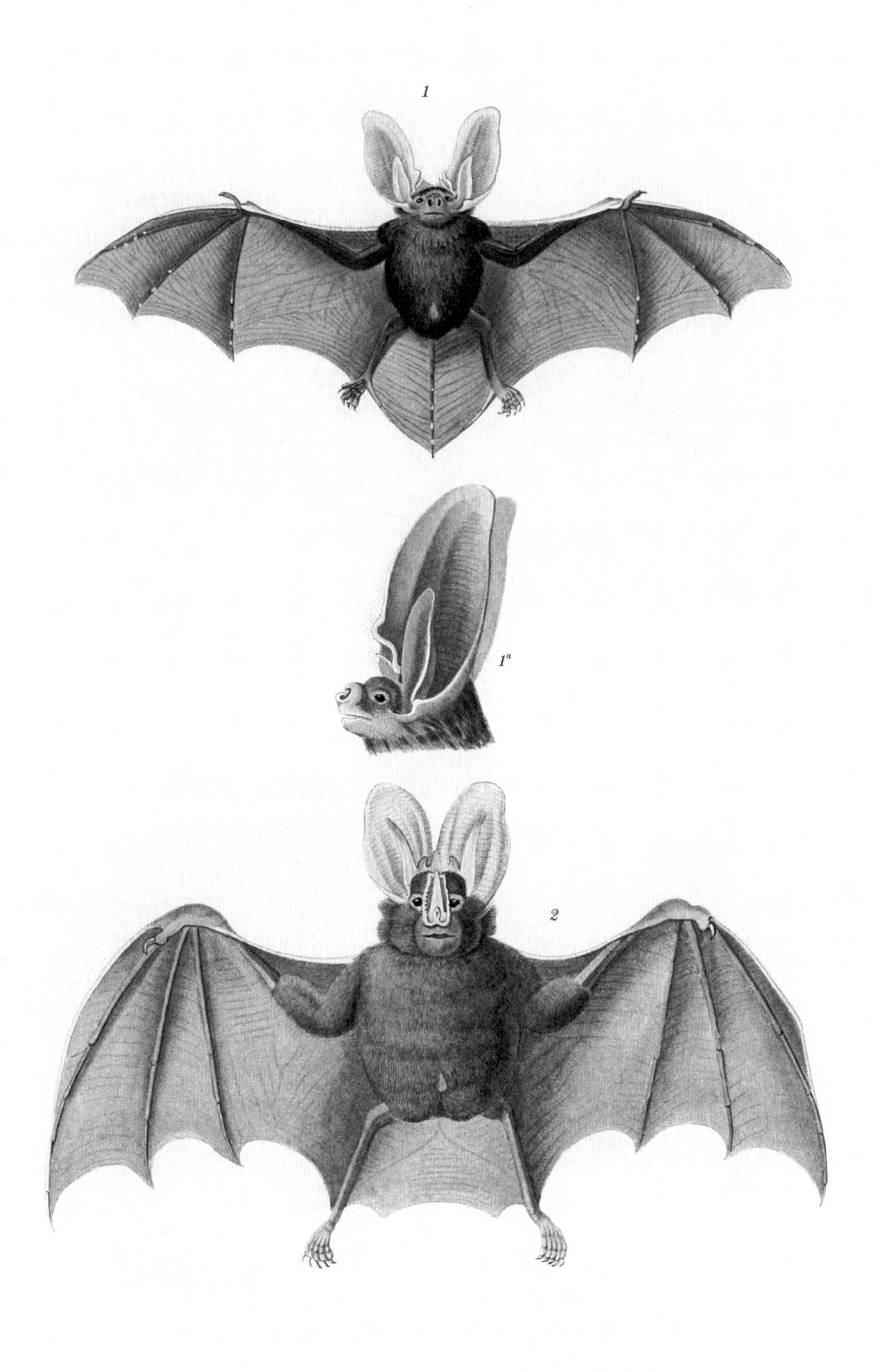

1. 兔蝠　　　2. 黄翼洗浣蝠

1. 水獭　　2. 蜜熊

棕熊

浣熊

1. 獾　　　2. 松貂

1. 豺　　2. 缟鬣狗

1

2

1. 查理王小猎犬 2. 边境柯利牧羊犬

公狮

母狮

美洲虎

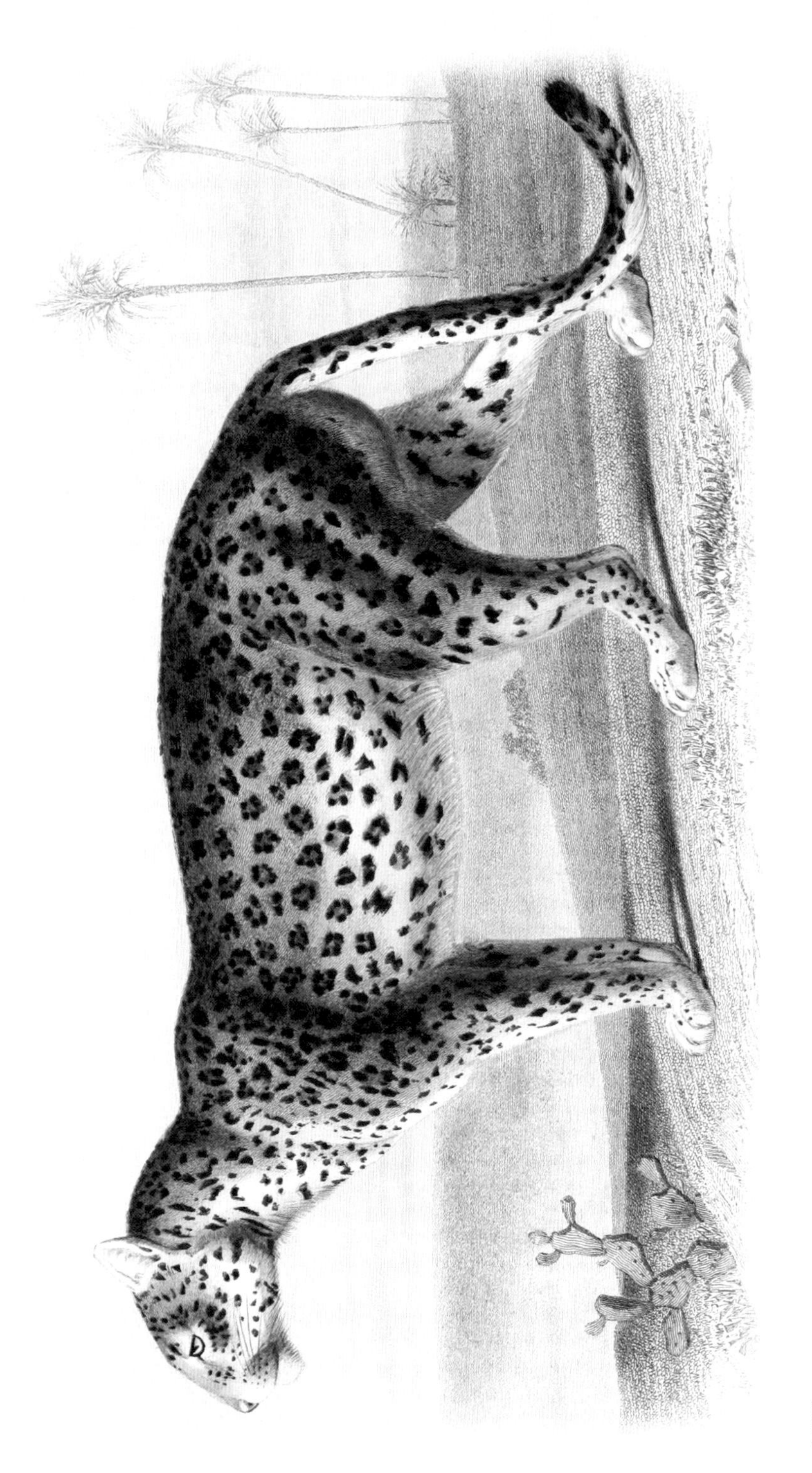

金钱豹

虎

海豹

1. 刺蝟　　2. 树鼩

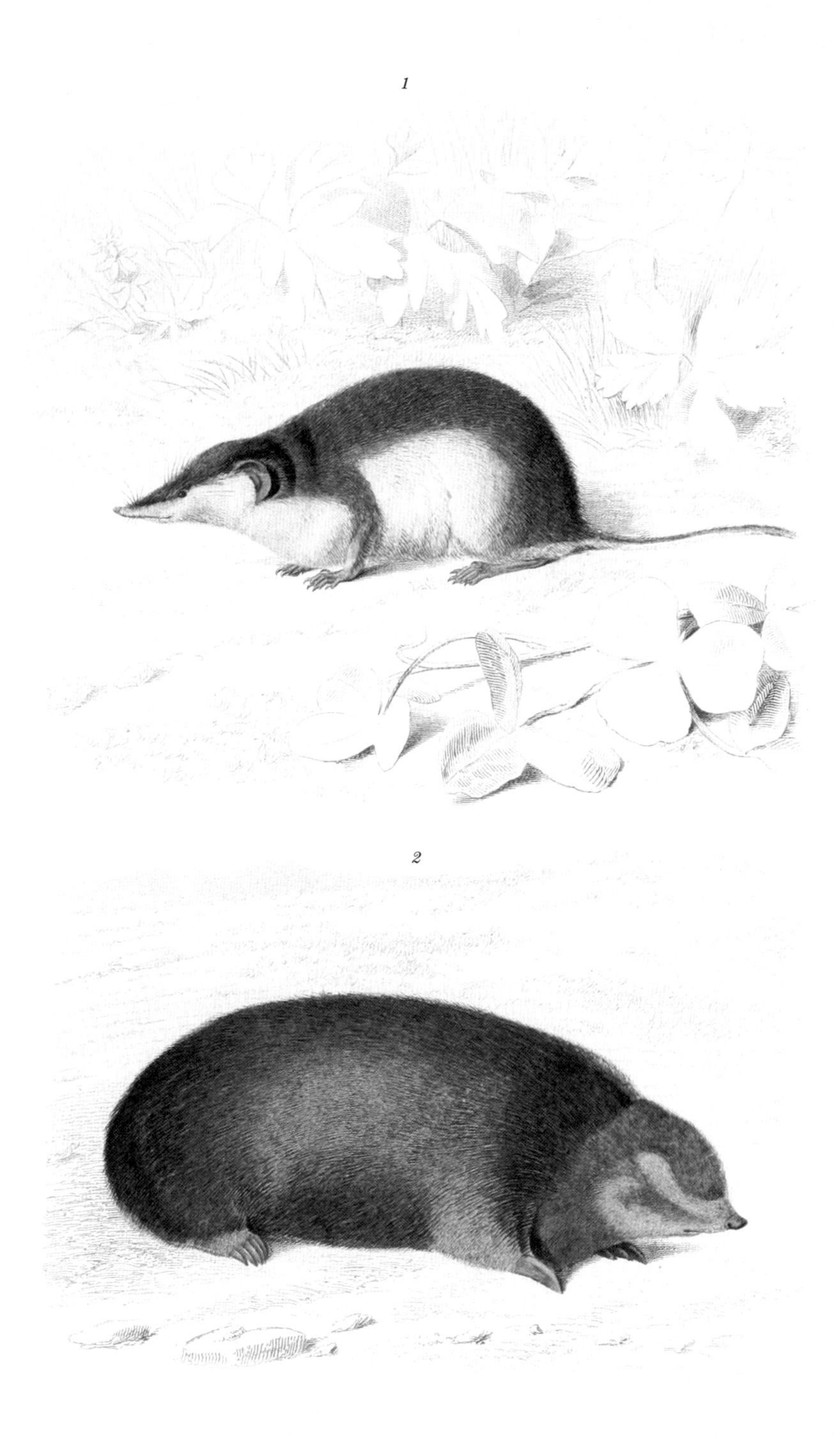

1. 西班牙鼩鼱　　2. 金鼹

美洲飞鼠

1. 马克西姆松鼠　　2. 欧仓鼠

1. 河狸　　2. 跳鼠

1. 马来貘　　　2. 山斑马

印度犀

河马

1. 西貒　　　2. 家猪

家马

单峰驼

1. 羊驼　　2. 薮羚

1. 麝　　　2. 驼鹿

长颈鹿

野山羊

1. 短角原牛　　2. 美洲犎牛

1. 六绊犰狳　　2. 印度鲮鲤

1. 二趾食蚁兽　　　　2. 大食蚁兽

1. 灰四眼鼰　　　2. 鼠鼰

黑纹袋鼠

大赤袋鼠

鸭嘴兽

海豚

长须鲸

北露脊鲸

1. 大地懒化石
2. 大地懒

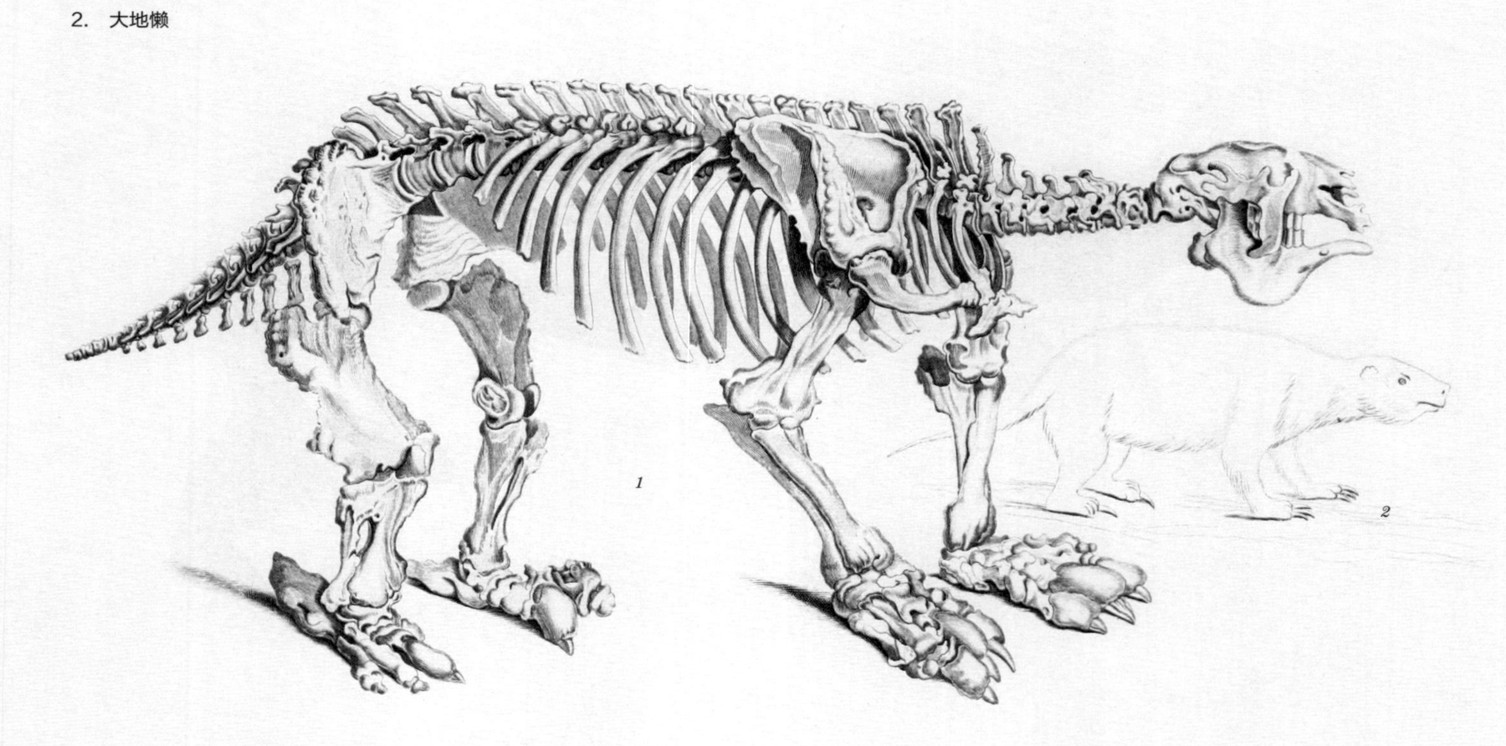

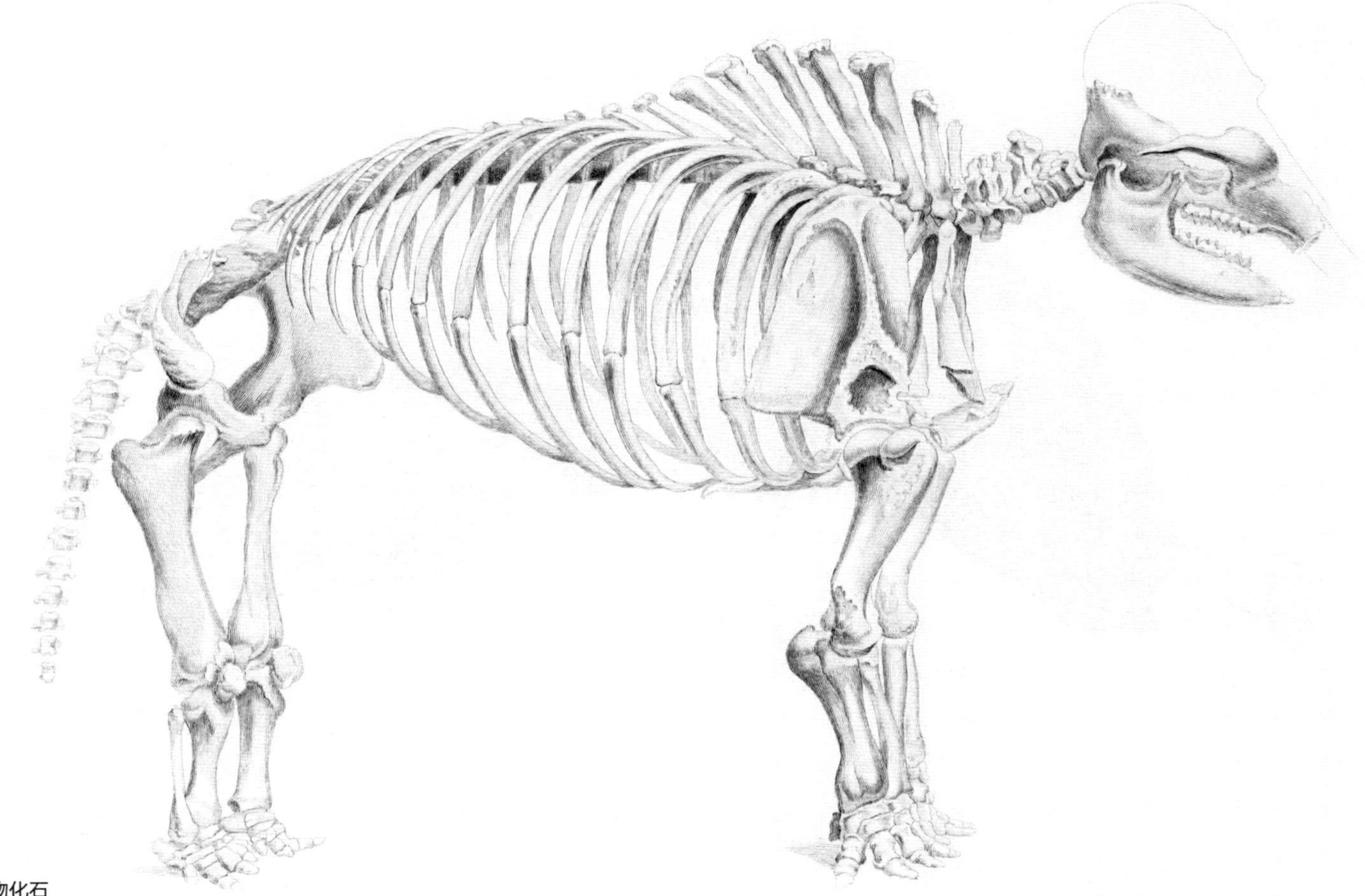

哺乳动物化石

1. 安第斯神鹫　　2. 雕鸮

王鹫

红脚隼

白肩雕

雀鹰

王鸢

鹃头蜂鹰

斑腹鹞

鹭鹰

鬼鸮

1. 仓鸮　　2. 欧亚夜鹰

1. 双色黑鵙　　2. 四色丛鵙

1. 金王鹟　　2. 巽他山椒鸟

1. 皇霸鹟　　　2. 华丽琴鸟

1. 蓝伞鸟　　2. 黑颈红伞鸟

1. 太平鸟　　2. 黄头辉亭鸟

菲律宾黑鹃鵙

1. 仙唐加拉雀　　2. 红颈唐加拉雀

1. 青山雀　　2. 绯领厚嘴唐纳雀

1. 田鸫　　2. 白背矶鸫

1. 簇胸吸蜜鸟　　　　2. 黄喉蜂虎

1. 蓝胸佛法僧　　2. 粉红椋鸟

1. 黄鹡鸰　　　2. 穗䳭

1. 红喉歌鸲　　　　2. 白顶鹏

1. 红尾鸲　　　2. 欧亚鸲

1. 蒲苇莺　　2. 亚高山林莺

1. 田鹨　　　2. 角百灵

1. 短尾鸠　　2. 斑阔嘴鸟

1. 须凤头雨燕　　　　2. 牙买加拟鹂

1. 大山雀　　　2. 银喉长尾山雀

1. 红头黑鹂　　2. 黑头鹀

1. 苍头燕雀　　2. 燕雀

1. 红额金翅雀　　2. 赤胸朱顶雀

1. 红颊蓝饰雀　　2. 禾雀

1. 红腹灰雀　　2. 锡嘴雀

黑喉鹊鸦

松鸦

大极乐鸟

1. 王极乐鸟　　2. 圭亚那冠伞鸟

1. 普通䴓　　　2. 红翅旋壁雀

1. 紫喉蜂鸟　　2. 红脚旋蜜雀

1. 金喉红顶蜂鸟　　2. 缨冠蜂鸟

1. 红喉北蜂鸟　　2. 紫胸凤头蜂鸟

1. 红尾慧星蜂鸟　　2. 栗领翡翠

1. 戴胜　　2. 蚁䴕

1. 普通翠鸟　　　2. 北扑翅鴷

1. 黄腹金鹃　　2. 长嘴蜥鹃

五彩绿咬鹃

凹嘴巨嘴鸟

1. 金刚鹦鹉　　　　2. 大斑啄木鸟

1. 卡罗莱纳长尾鹦鹉　　2. 澳东玫瑰鹦鹉

1. 大凤冠雉　　2. 黑头角雉

蓝孔雀

棕尾虹雉

红腹锦鸡

环颈雉

白腹锦鸡

家鸡

1. 红腿石鸡　　　2. 珠鸡

1. 白腹沙鸡　　2. 林三趾鹑

1. 珠颈斑鹑　　2. 吕宋鸡鸠

蓝凤冠鸠

非洲鸵鸟

双垂鹤鸵

1. 翻石鹬　　　　2. 石鸻

1. 埃及燕鸻　　2. 丘鹬

1. 凤头林鹮　　2. 灰冕鹤

草鹭

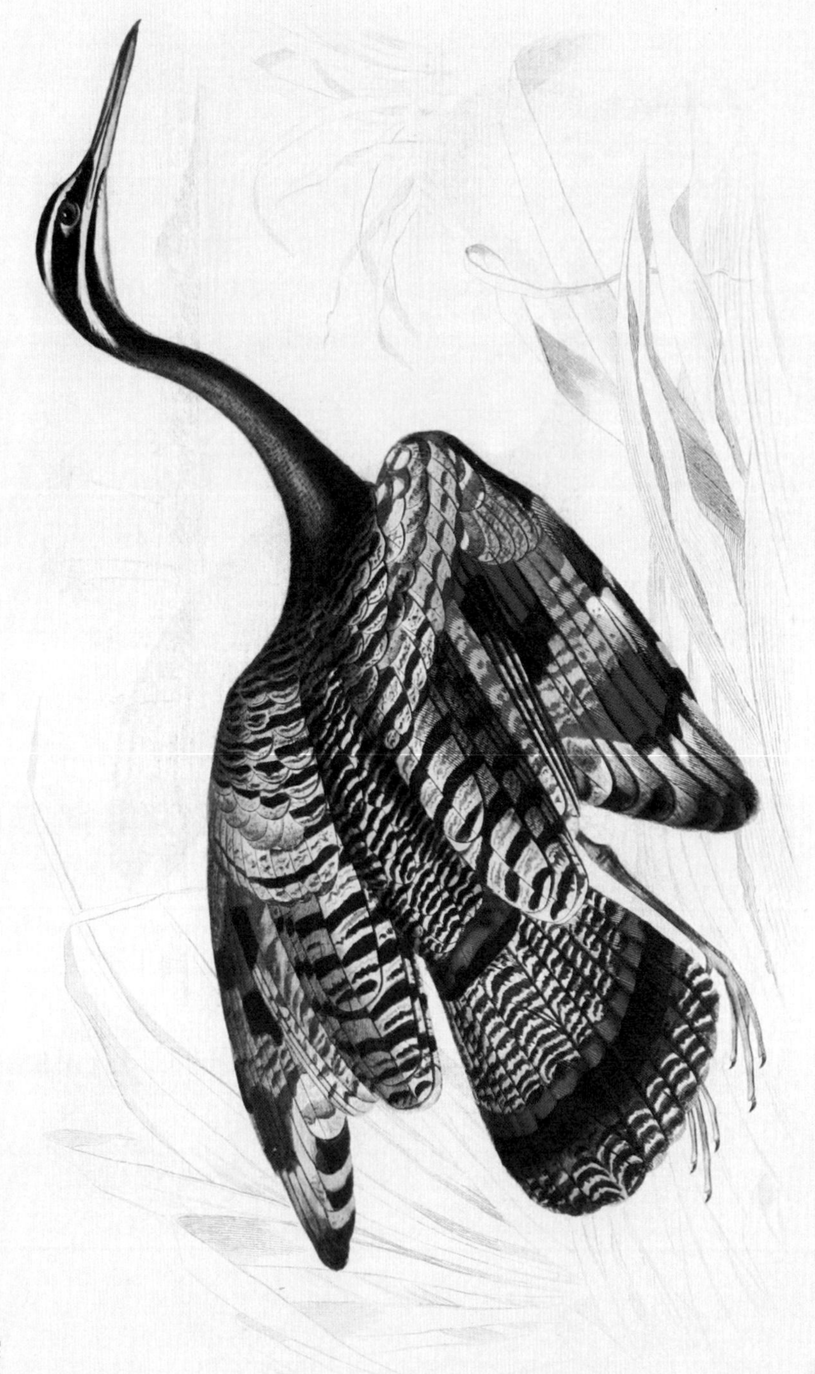

日鳽

1. 流苏鹬　　2. 反嘴鹬

1. 水雉　　　2. 角叫鸭

1. 小田鸡　　　　2. 普通潜鸟

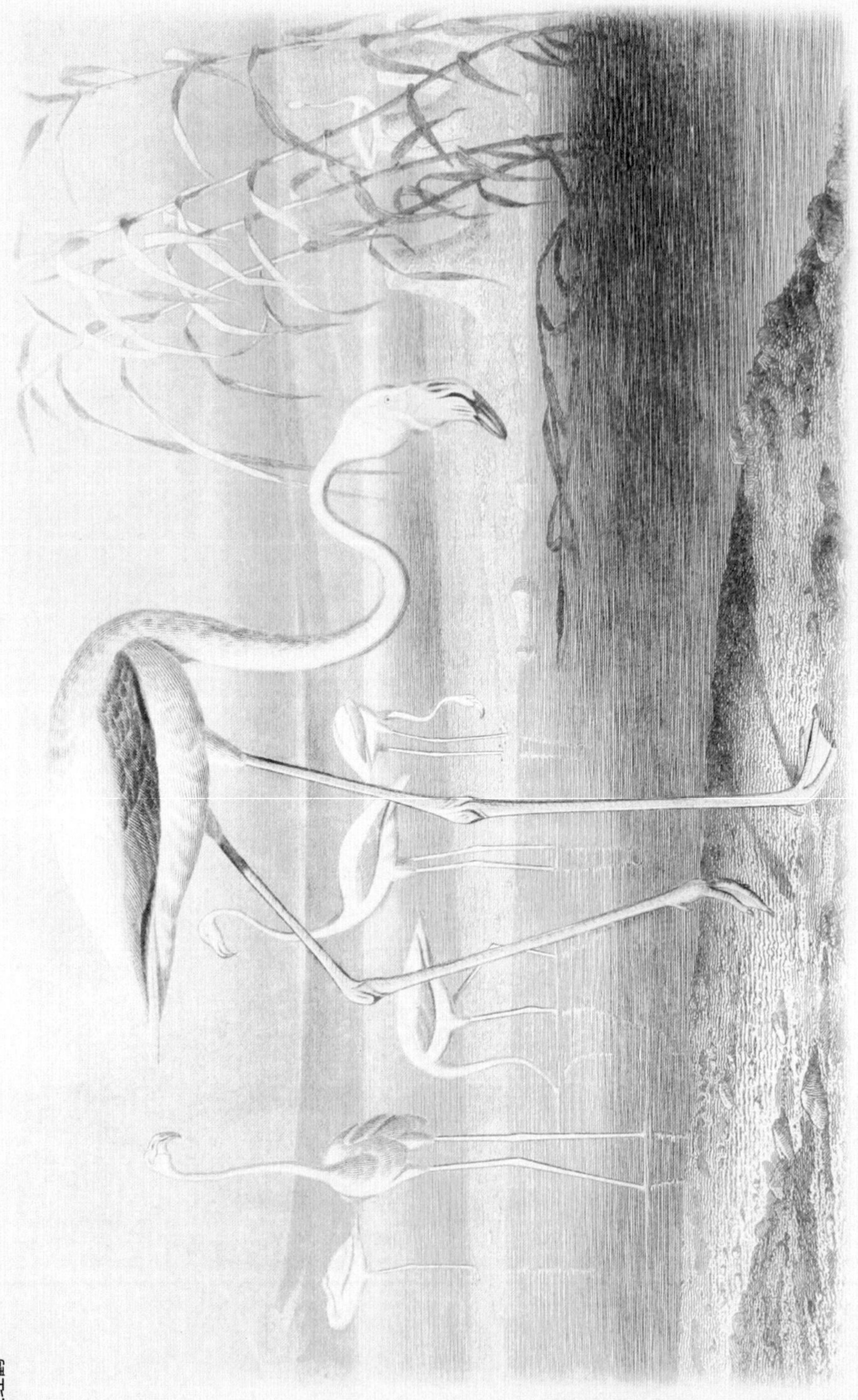

大红鹳

1. 黄眉企鹅　　2. 漂泊信天翁

1. 红嘴鸥　　　　2. 剪嘴鸥

1. 卷羽鹈鹕　　2. 鸳鸯

1. 埃及雁　　2. 普通秋沙鸭

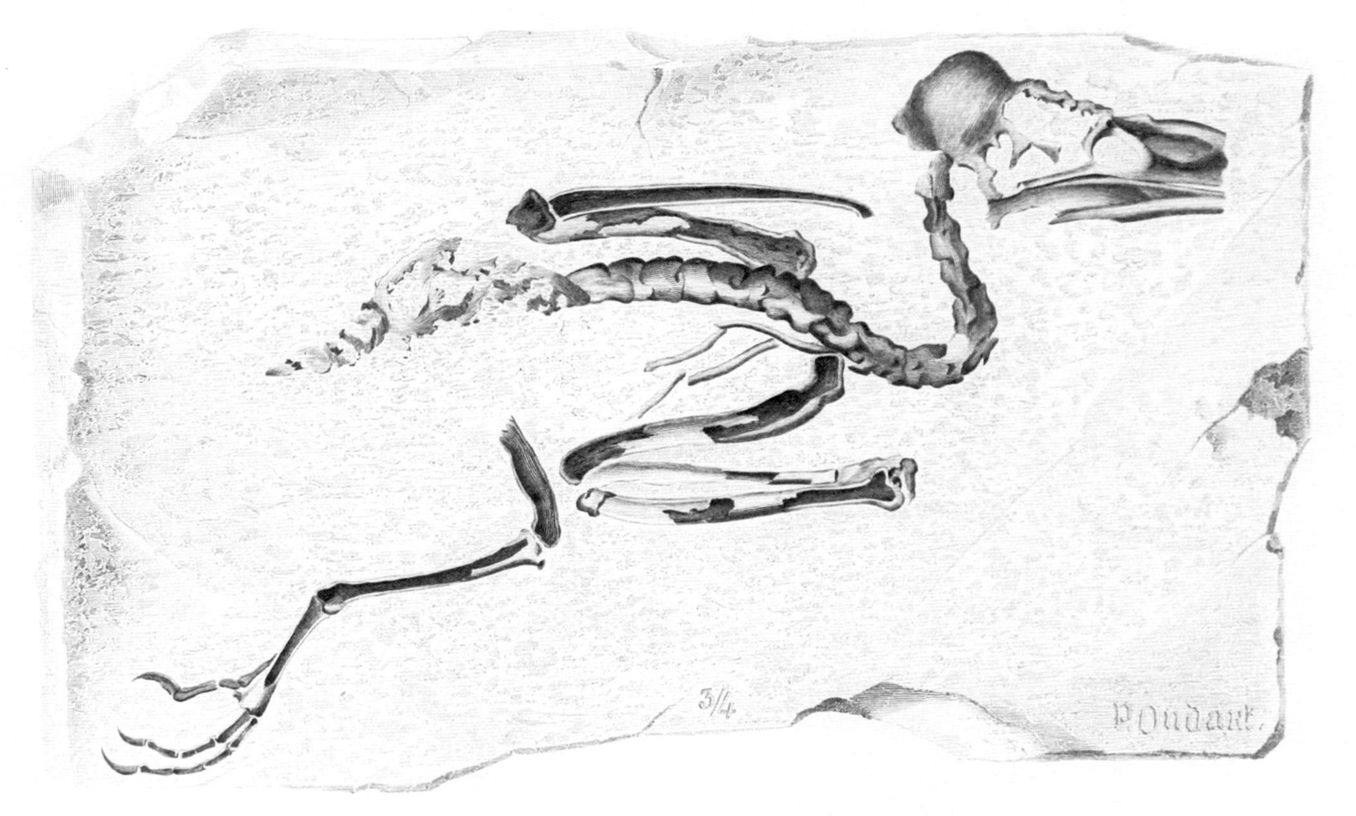

鸟类化石

1
2
A
3
4
5
B
parotique
flancs
4.
3.
2

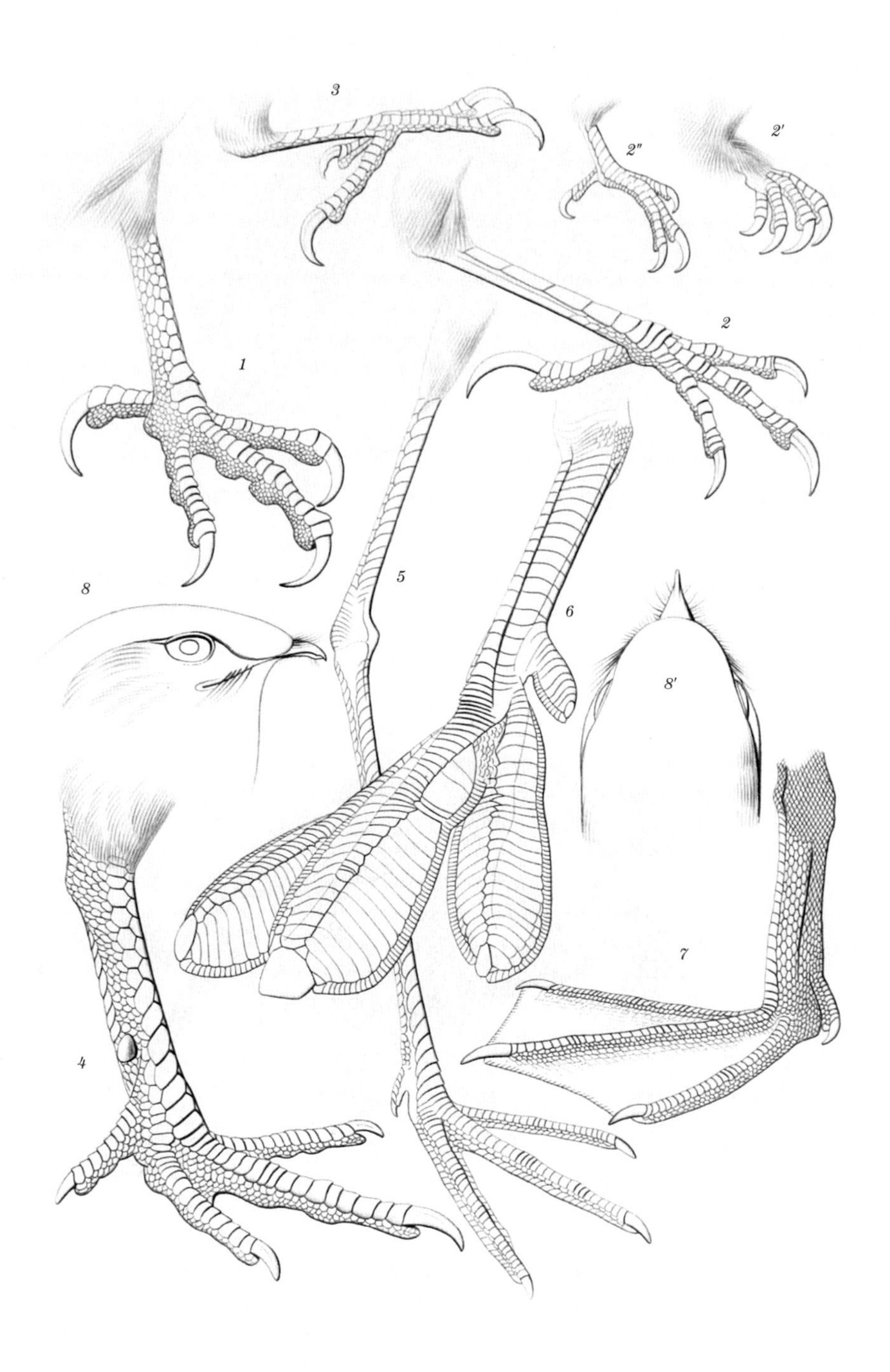
3
2″
2′
2
1
5
8
6
8′
7
4

1

2

1. 欧洲陆龟　　2. 日本拟水龟

1. 刺鳖　　　2. 绿海龟

1. 密河鳄
2. 摩尔守宫

1. 双裂避役　　2. 圆鼻巨蜥双带亚种

1. 美洲鬣蜥
2. 绿蜥蜴

1. 眼斑铜蜥　　2. 棕蛇蜥

1. 斑点蠕蜥　2. 蚓状盲蛇　3. 凸尾蛇

1. 管蛇　　　2. 食蛞蝓蛇黑腹亚种

1. 棕沙蟒　　2. 巨蚺

1

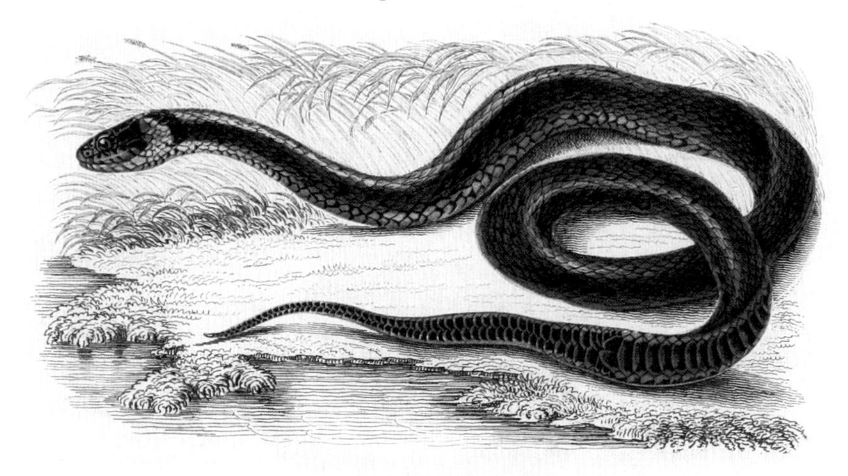

2

1. 黄腹颈槽蛇　　2. 瘦蛇

1. 爪哇瘰鳞蛇　　2. 环纹海蛇

1. 美丽珊瑚蛇　　　　2. 埃及眼镜蛇

1. 南美响尾蛇　　2. 角蝰

环管蚓螈

1. 奇异多指节蟾　　2. 黑斑糙头蛙

1. 突吻弯锁蛙　　2. 绿蟾蜍

1. 非洲爪蟾　　2. 美洲负子蟾

1. 真螈　　　2. 隐鳃鲵

1. 斑泥螈　　2. 大鳗螈

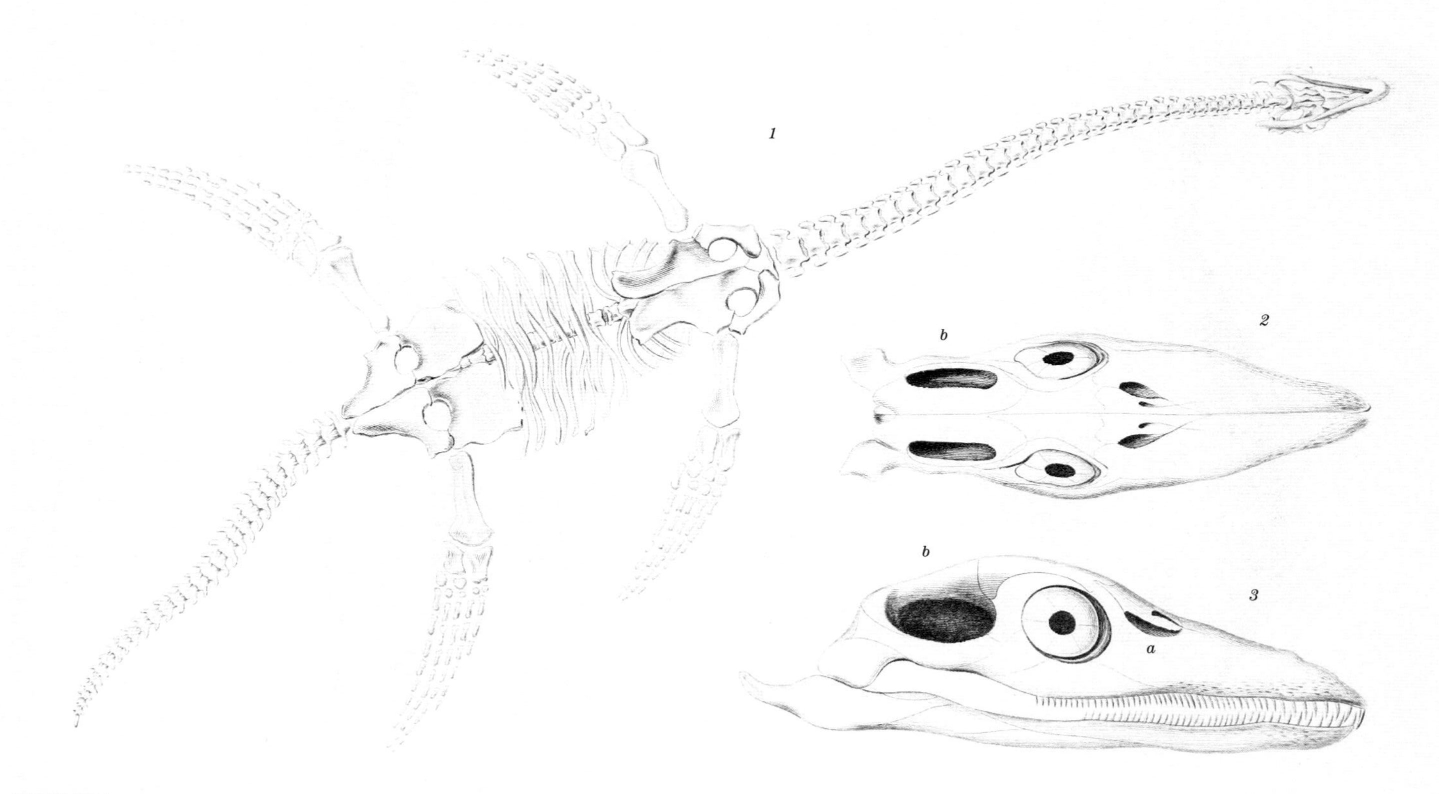

蛇颈龙化石

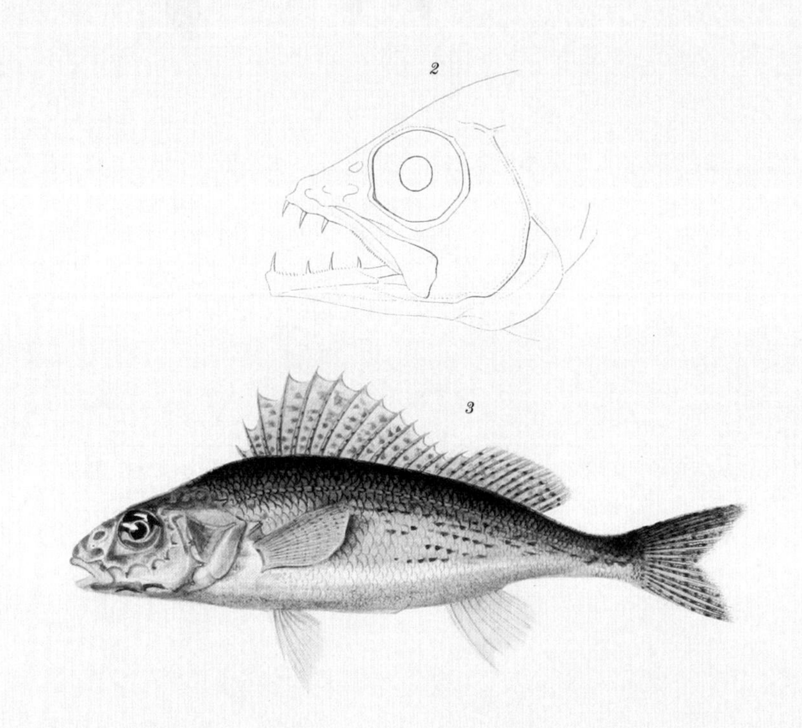

1. 鲈　　2. 管唇鱼　　3. 梅花鲈

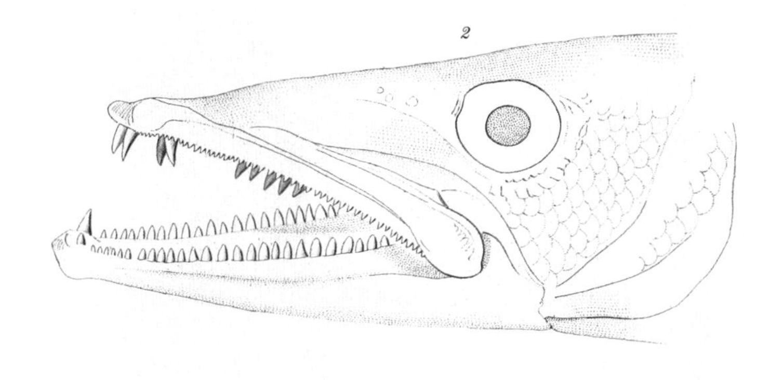

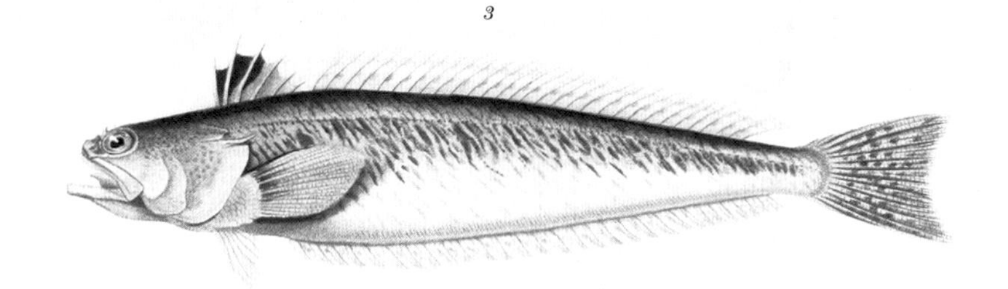

1. 长刺真鲷　　2. 大魣　　3. 龙䲢

1. 魣
2. 羊鱼

1. 细鳞魴鮄鱼　　2. 石鲉

三刺鱼筑巢护幼

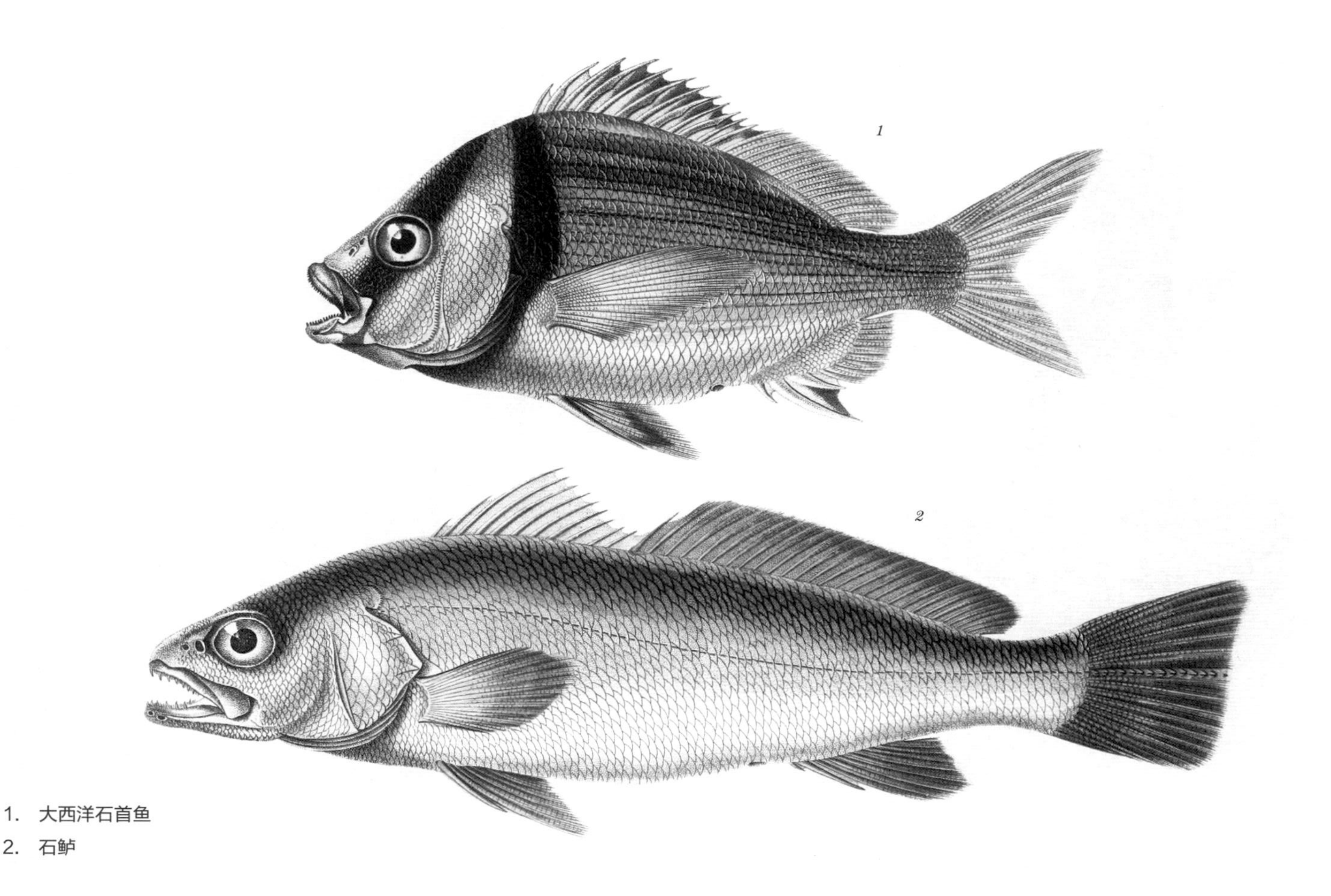

1. 大西洋石首鱼
2. 石鲈

1. 鞍斑双锯鱼　　　　2. 伏氏眶棘鲈

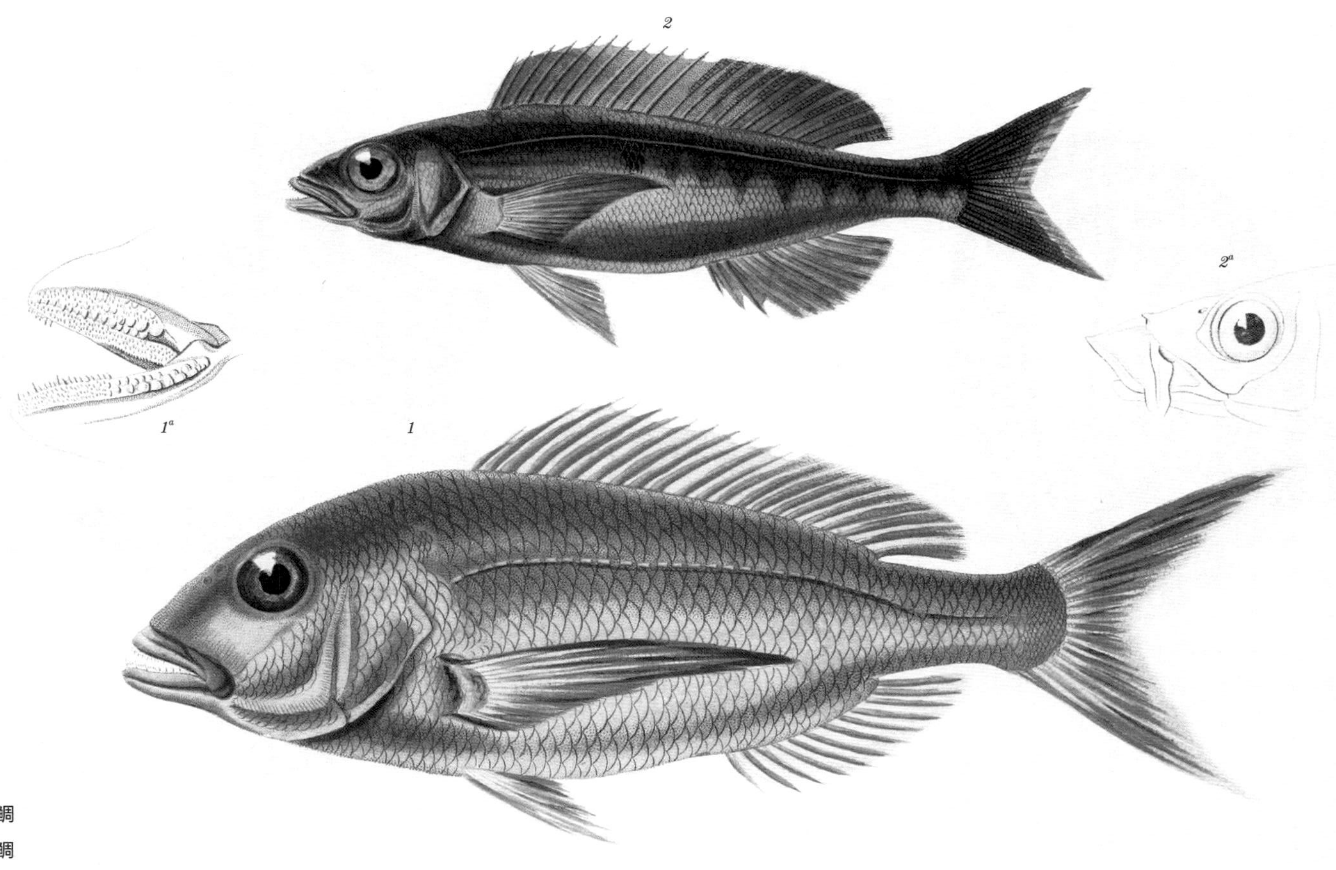

1. 小鲷
2. 棒鲷

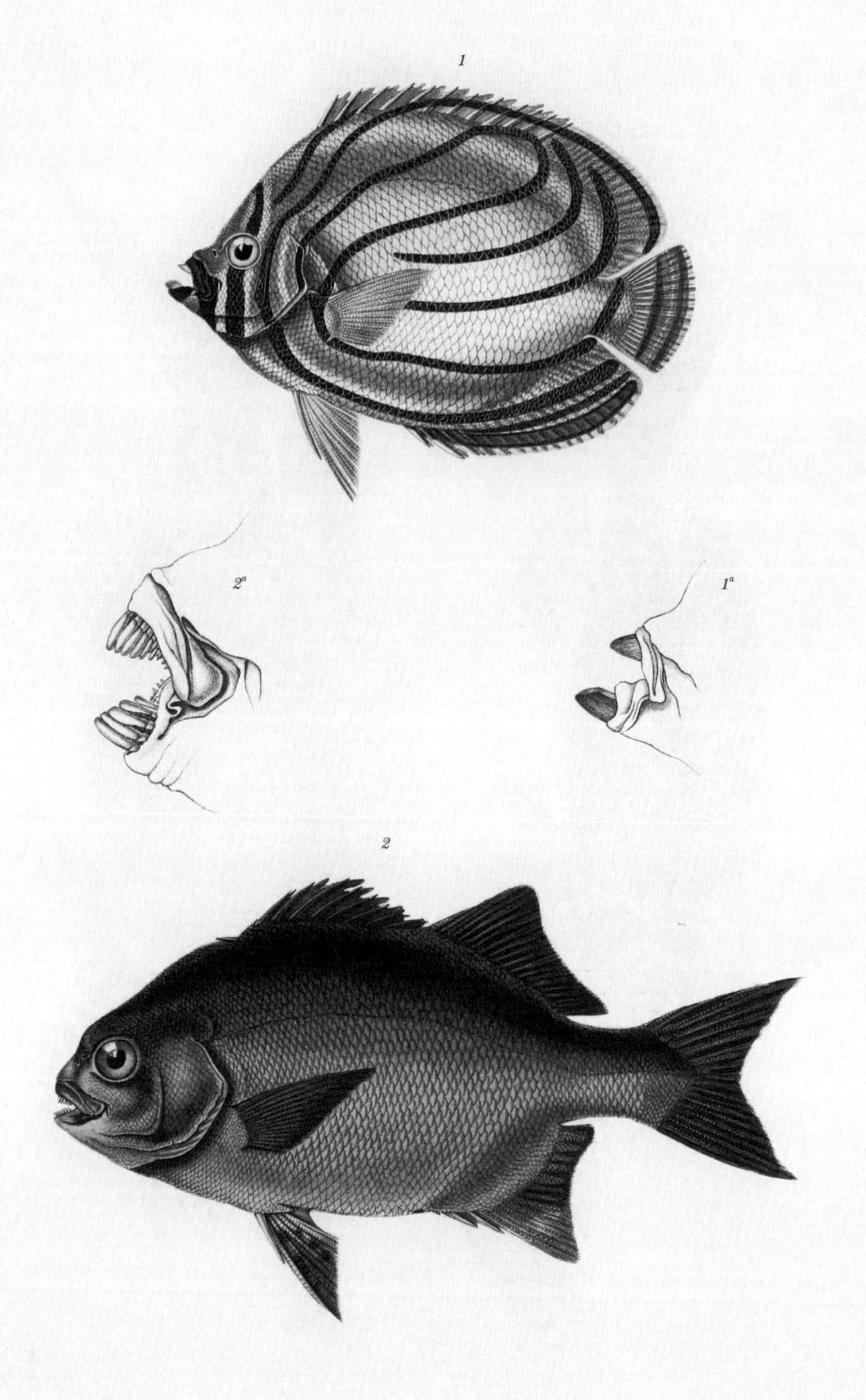

1. 迈氏蝴蝶鱼　　　　2. 双帆鱼

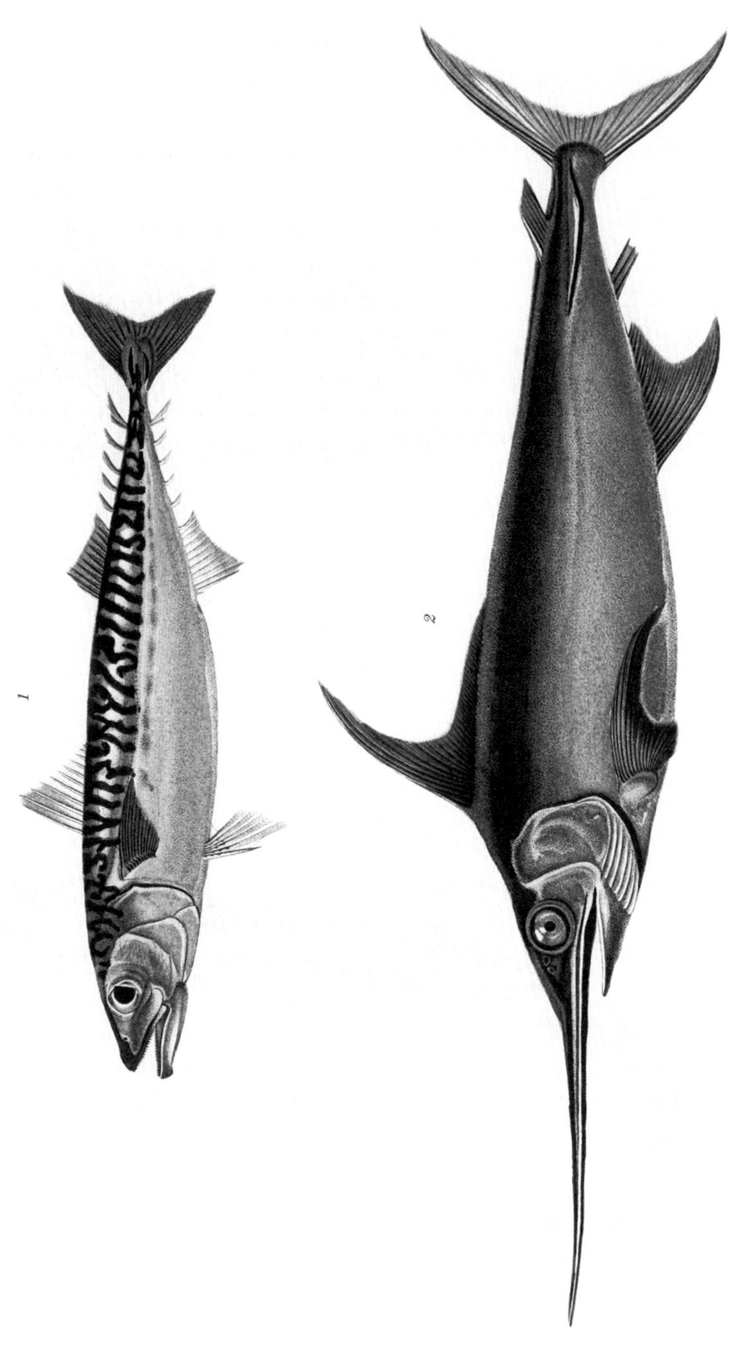

1. 鲐
2. 剑鱼

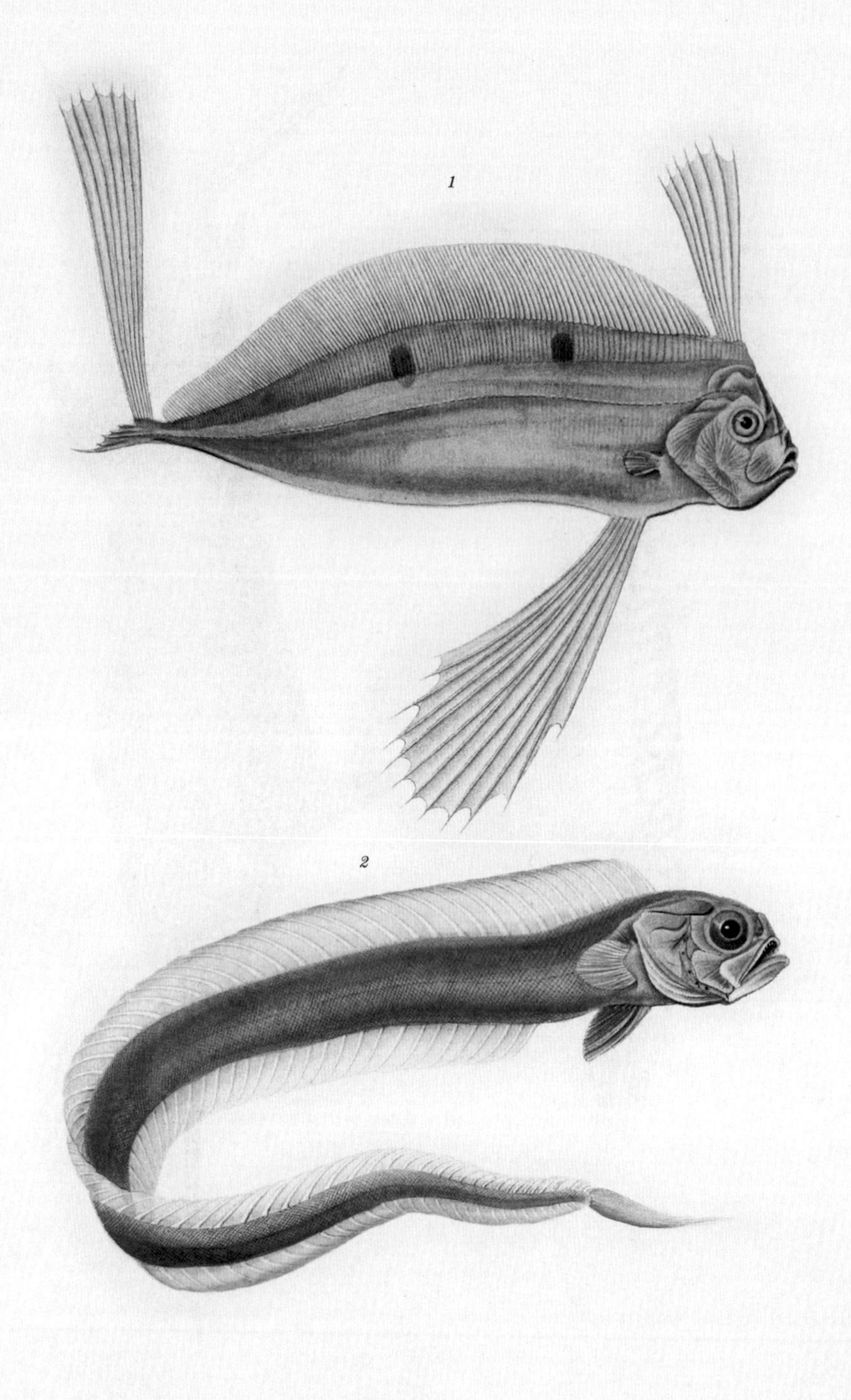

1. 刺松板鱼　　2. *Coepola rubescens*

1. 凹吻蓝子鱼　　2. 宝石刺尾鱼

1. 攀鲈
2. 丝足鲈
3. 线鳢

1. 鲻　　2. 黑鰕虎鱼　　3. 孔雀拟凤鳚

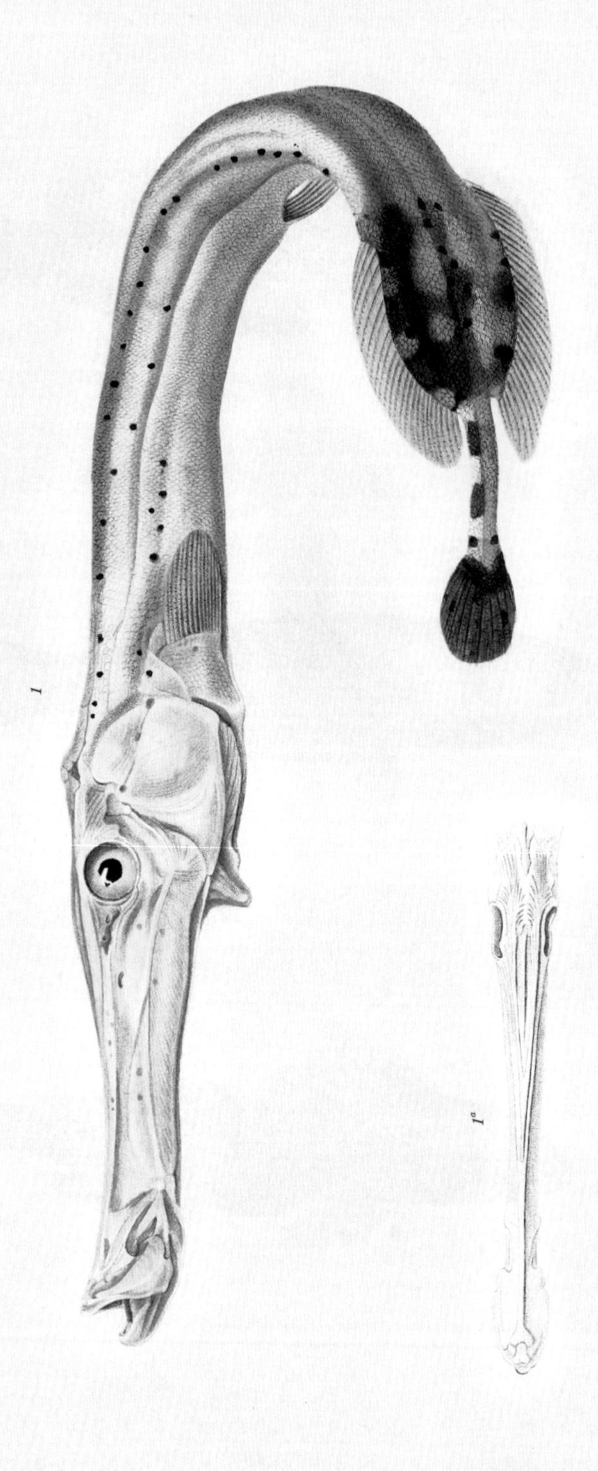

斑点管口鱼

1. 鲑
2. 鲤

1. 海马
2. 飞鱼

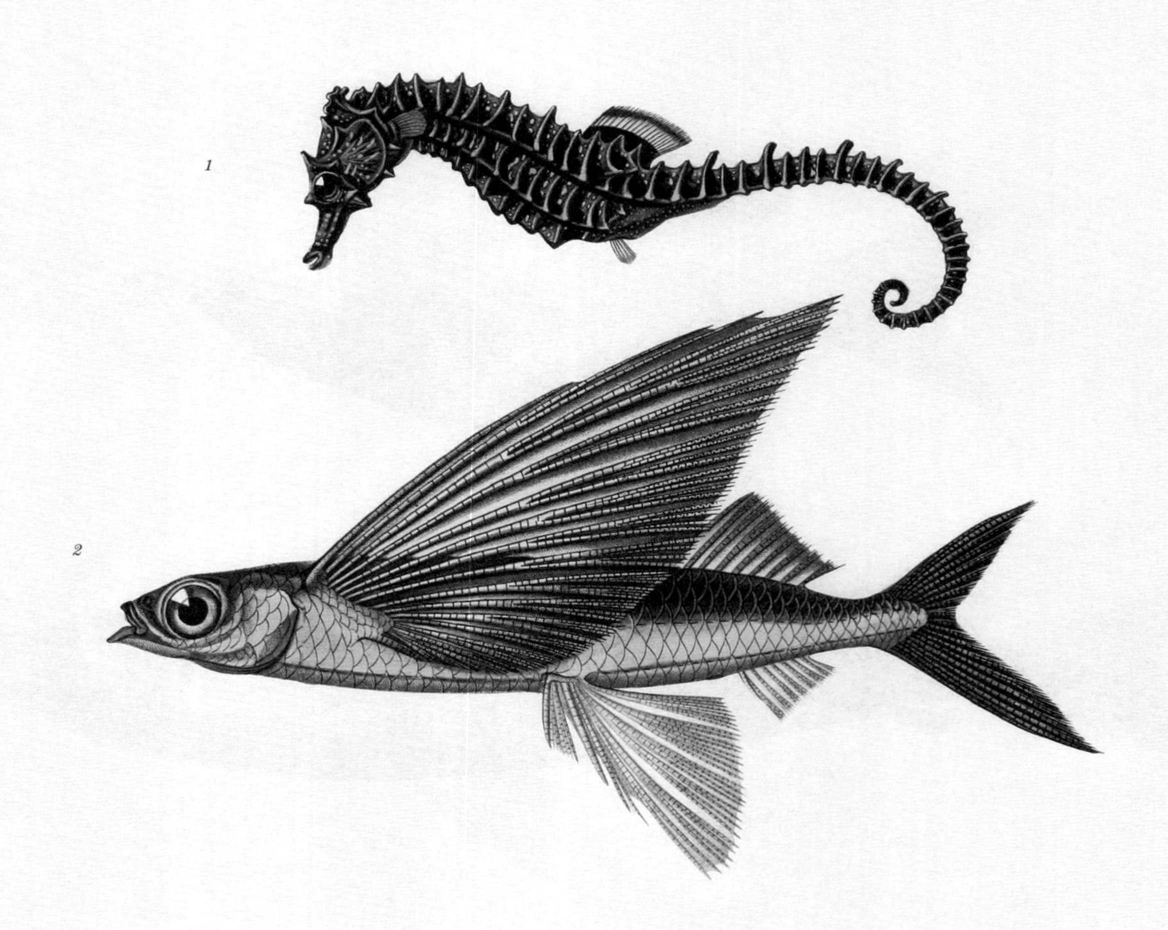

1. 欧洲鳗鲡　　2. 鲆鱼

1. 大斑刺鲀
2. 光滑棱箱鲀

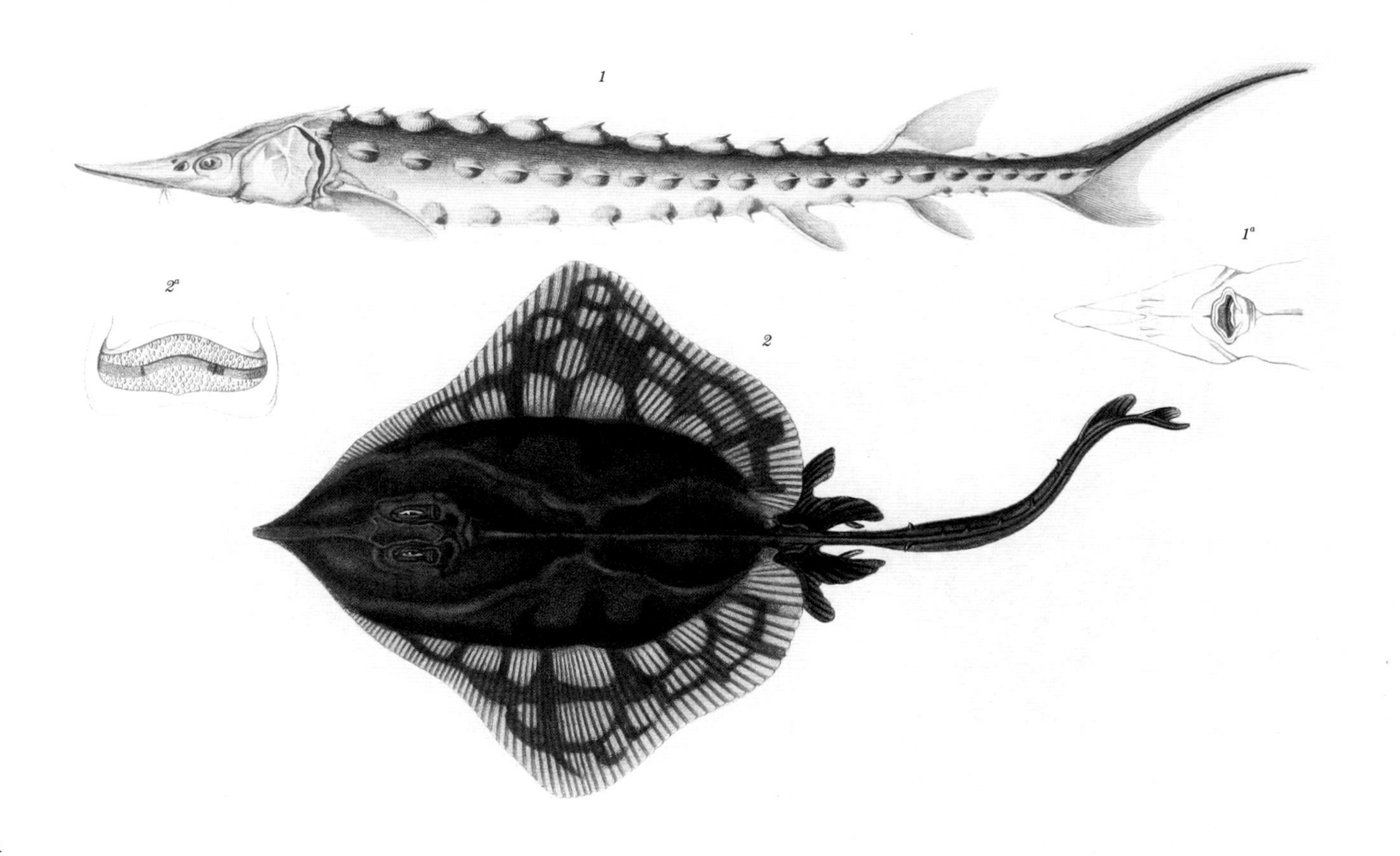

1. 鲟
2. 鳐鱼

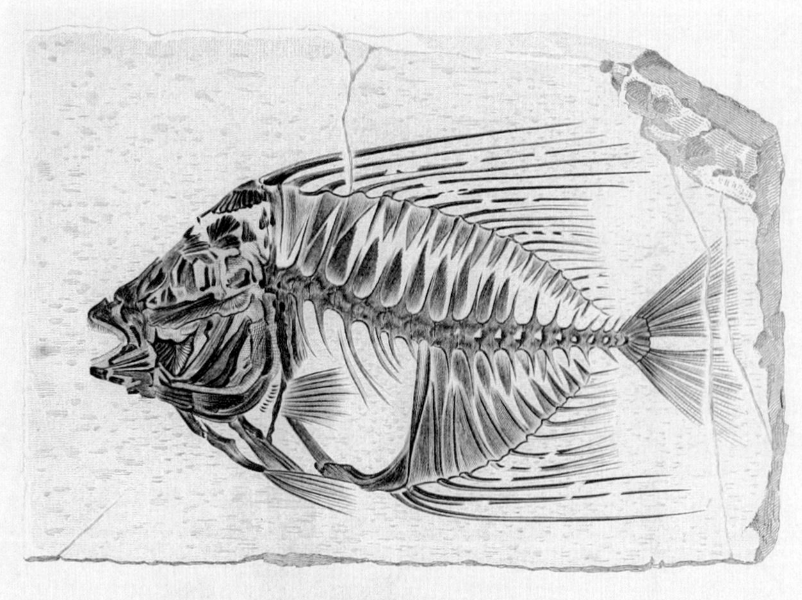

鱼类化石

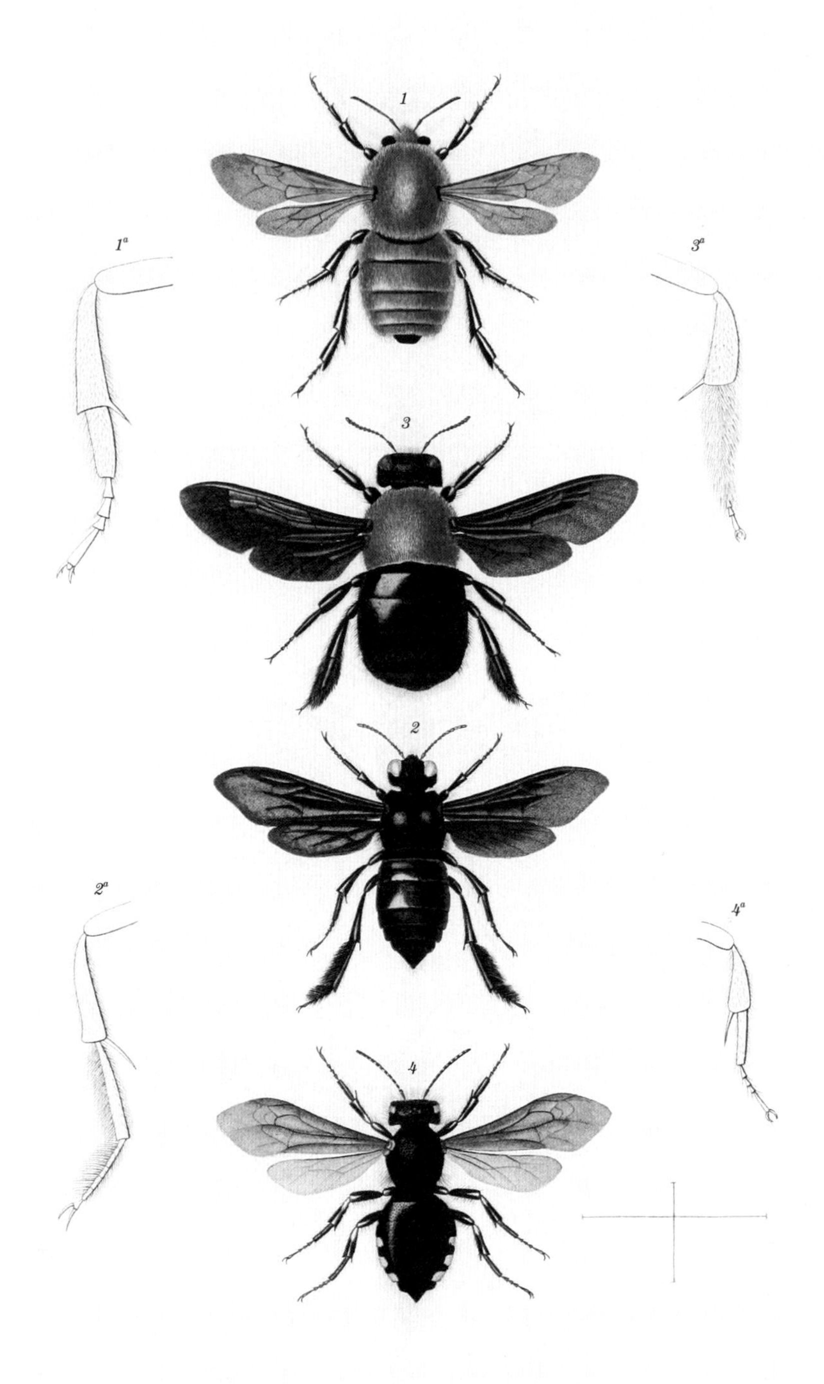

1. 达氏熊蜂　　2. 亮刺肢蜂
3. 燥木蜂　　4. 点刻毛斑蜂

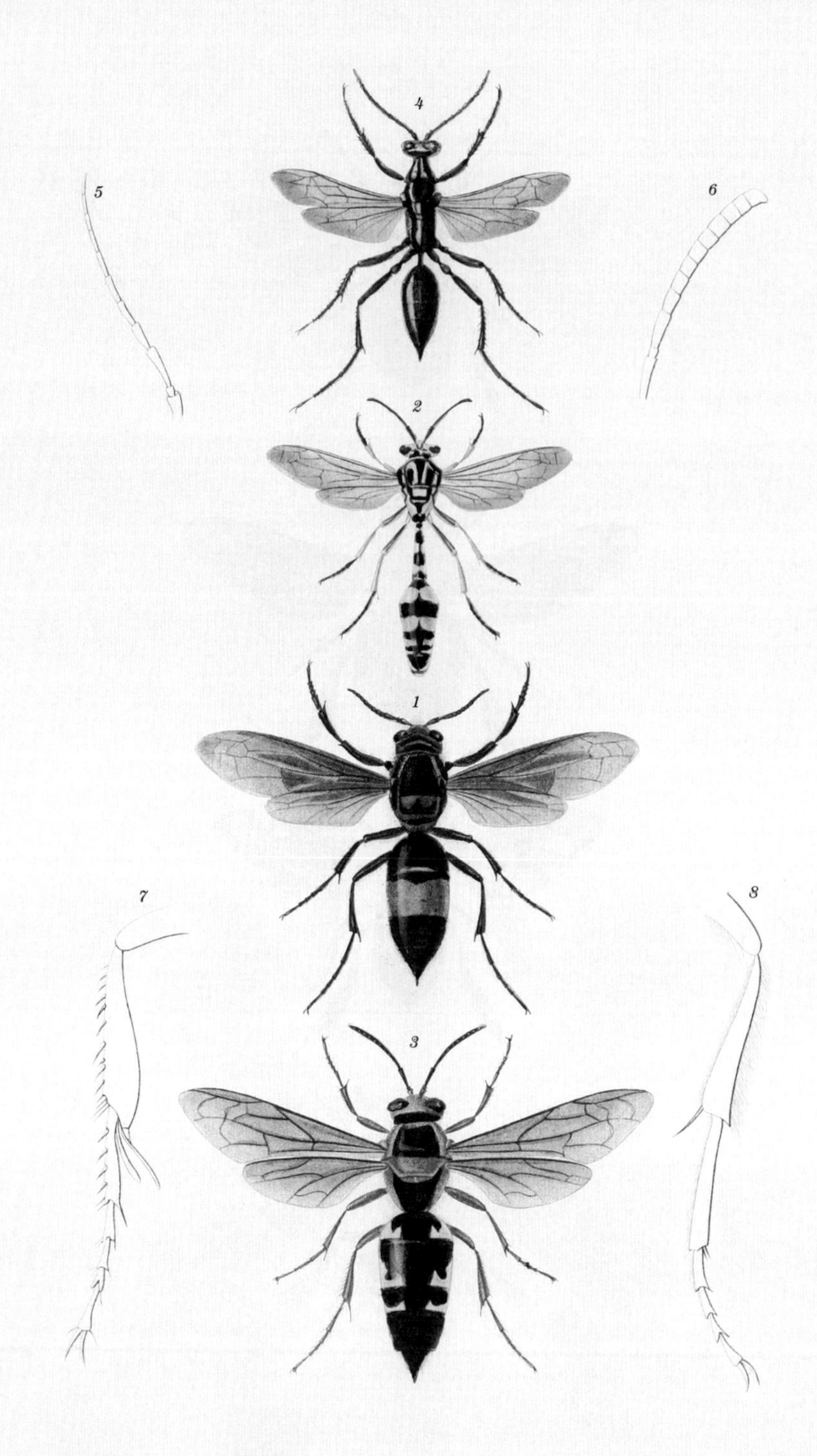

1. 线胡蜂　　2. 黄蜾蠃

3. 胡蜂　　4. 叶齿金绿泥蜂

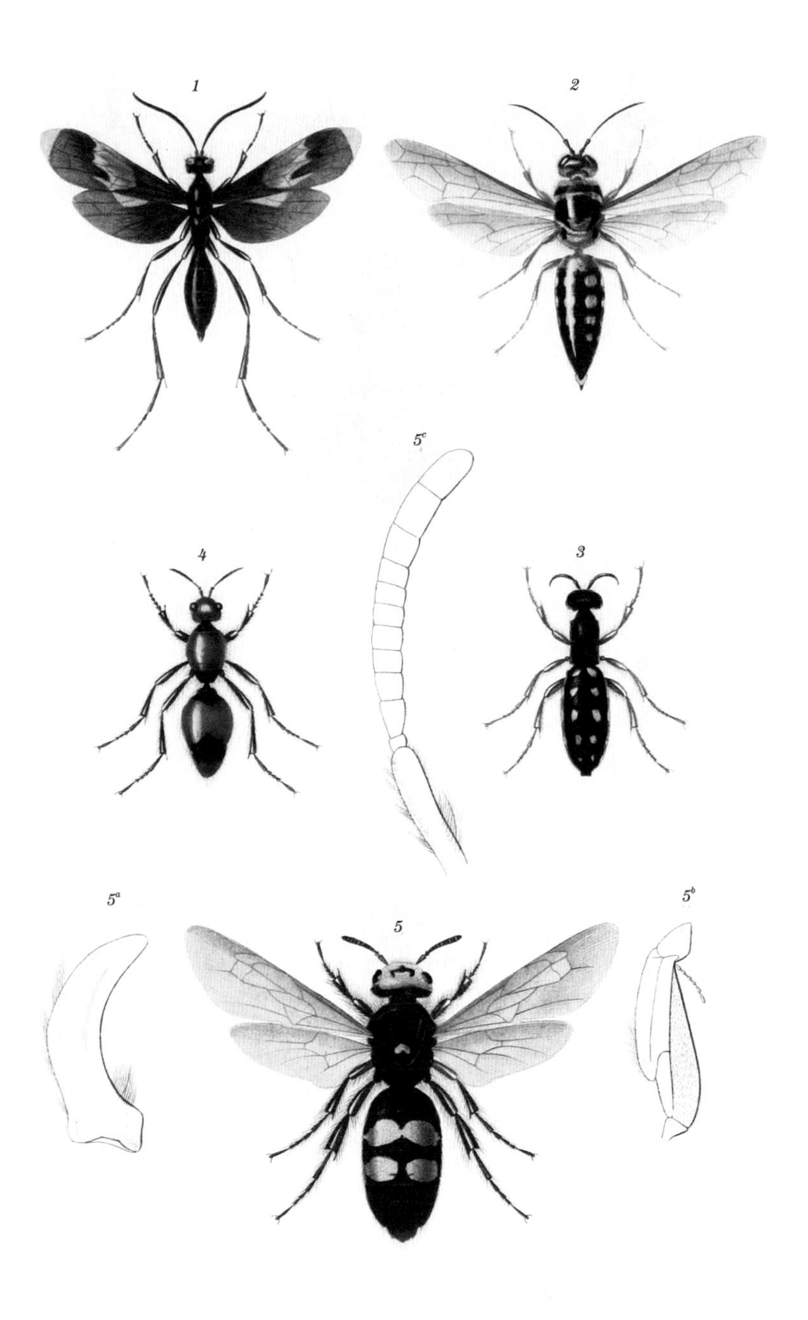

1. *Pepsis stellata*　2. *Thynnus variabilis*　3. *Thynnus variabilis*
4. *Mutilla coccinea*　5. 花园土蜂

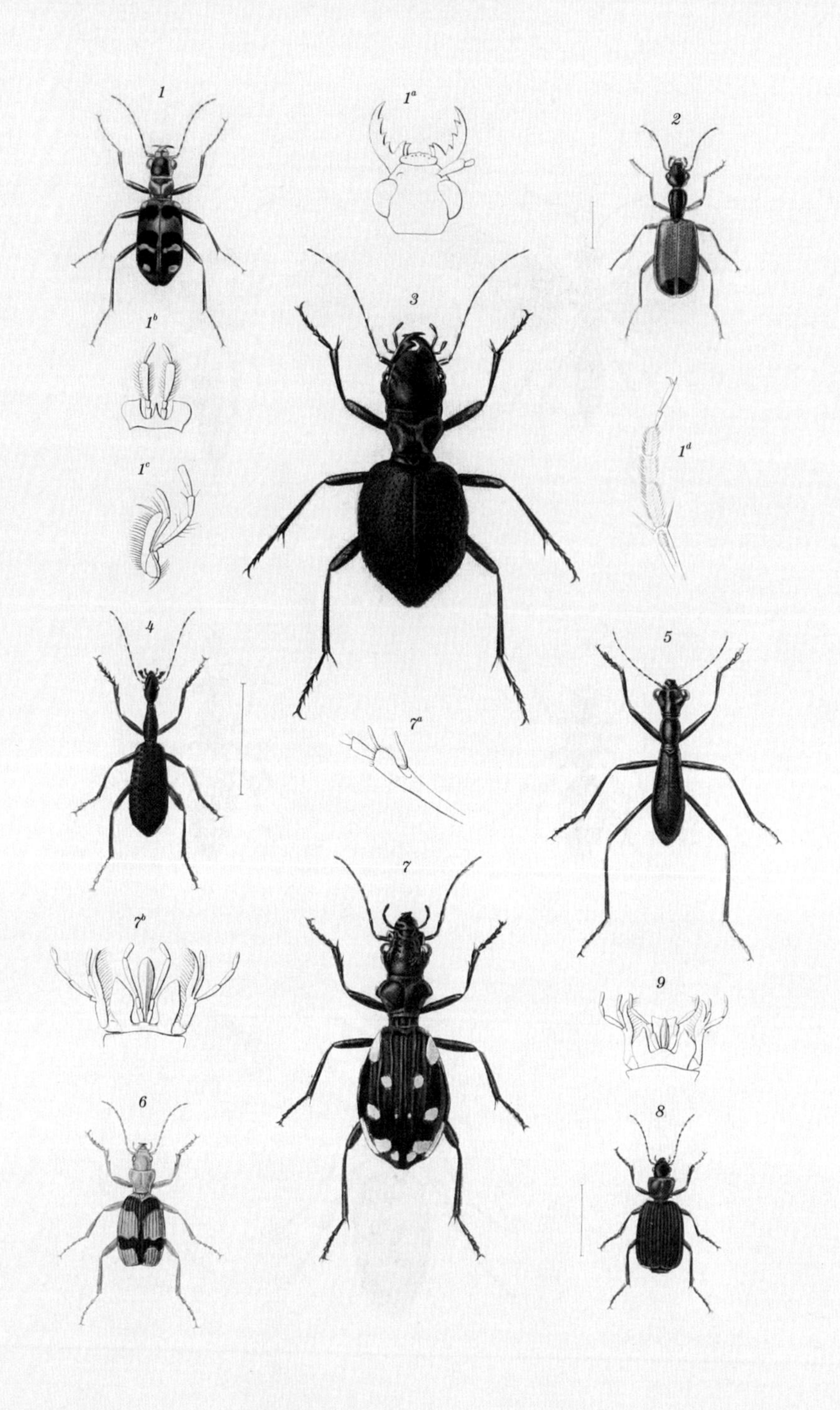

1. 中华虎甲　2. 虎甲一种　3. 大王虎甲
4. 虎甲一种　5. 缺翅虎甲一种　6. 气步甲
7. 步甲一种　8. 壶步甲一种

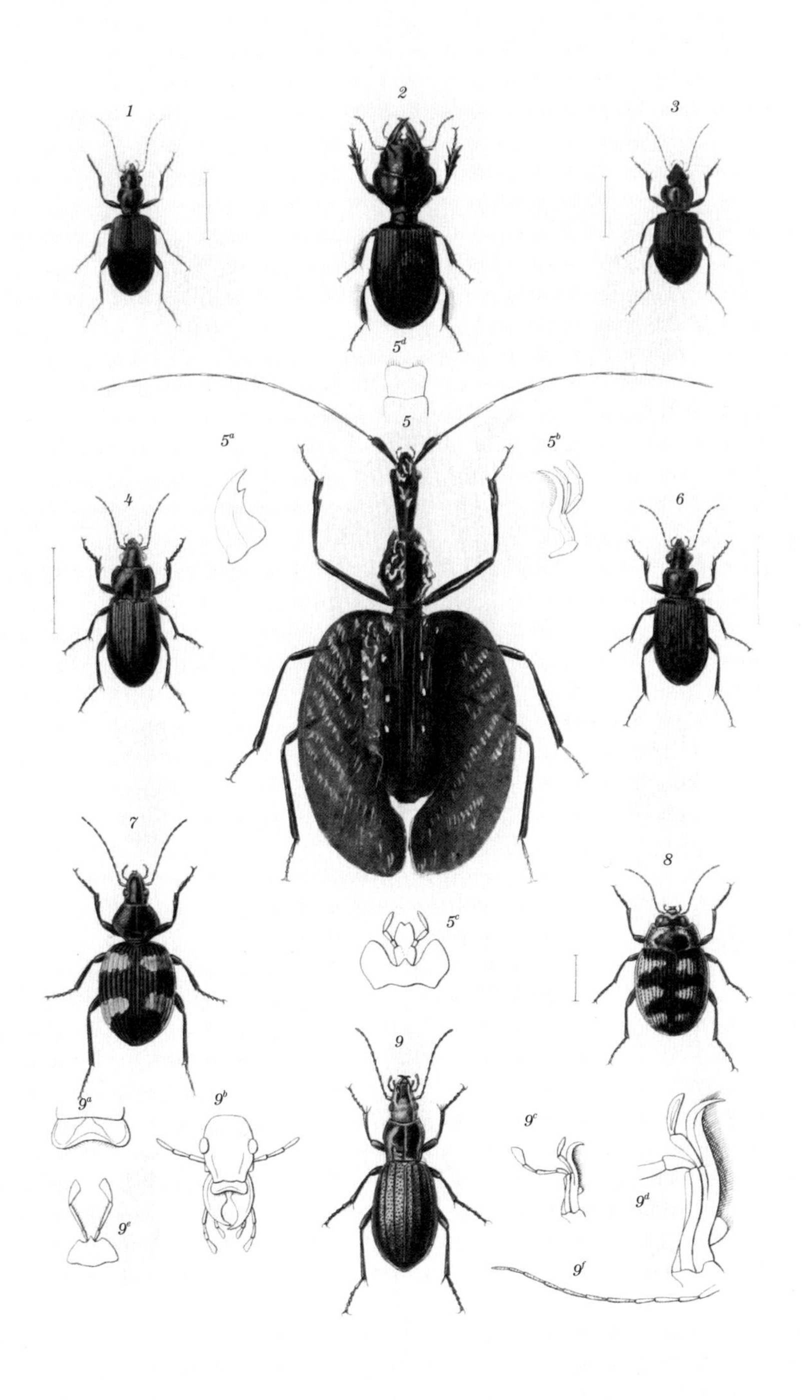

1. 步甲一种　2. 蝼步甲一种　3. 德娄步甲
4. 通缘步甲　5. 莫步甲　6. 波步甲
7. 庞步甲　8. 边圆步甲　9. 大步甲一种

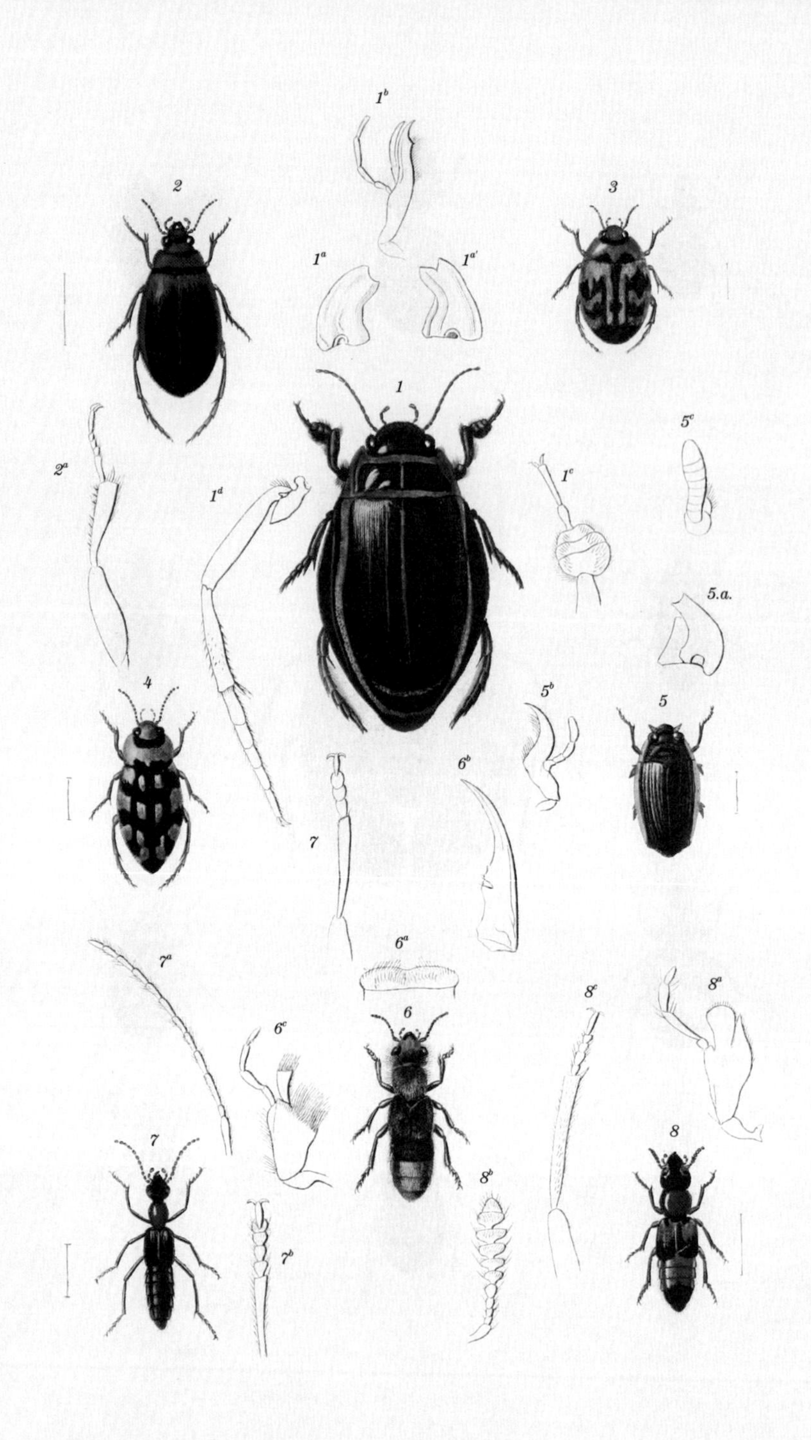

1. 龙虱一种
2. 水甲一种
3. 龙虱一种
4. 平基龙虱
5. 豉甲一种
6. 毛隐翅虫
7. 毒隐翅虫一种
8. 红斧须隐翅虫

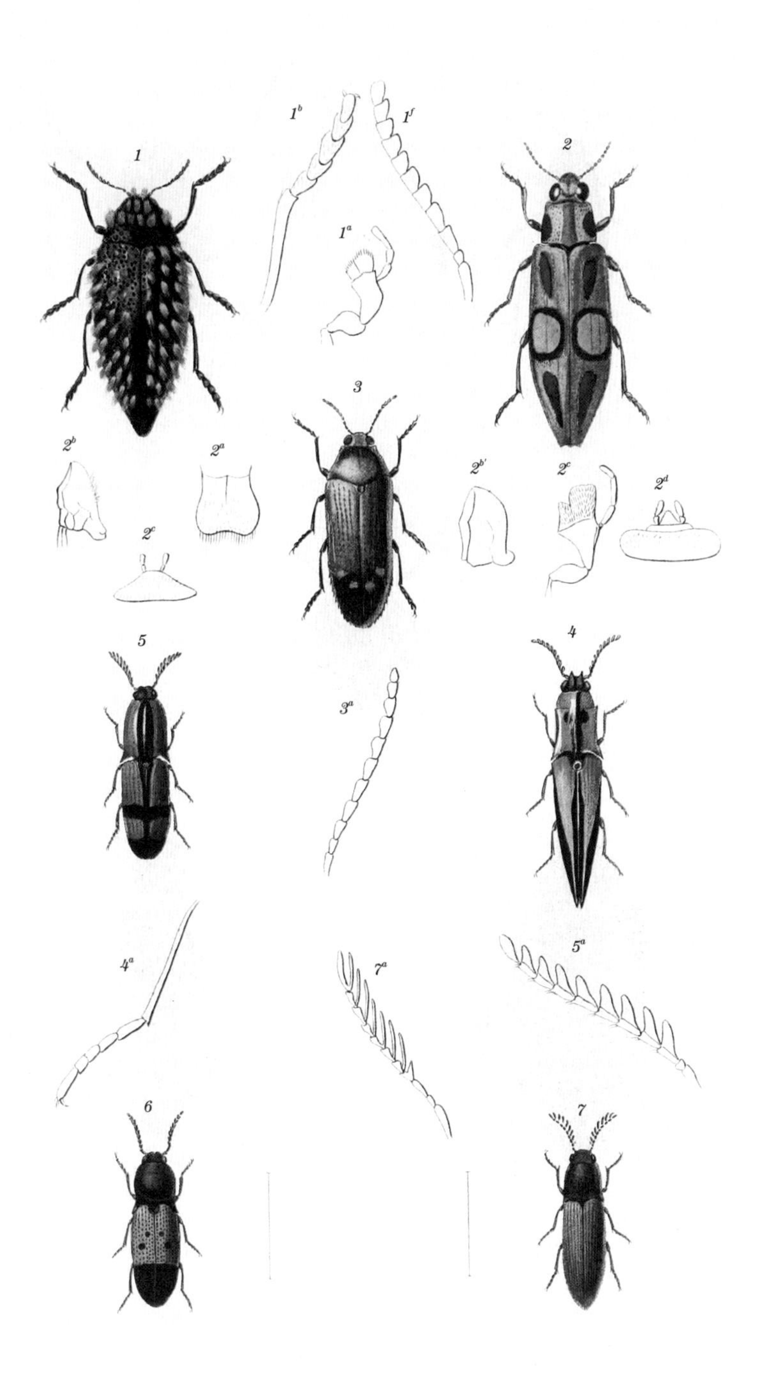

1. 天花吉丁　　2. 金吉丁一种　　3. 斑吉丁一种
4. 红叩甲　　5. 金针虫一种　　6. 单叩甲
7. 隐唇叩甲一种

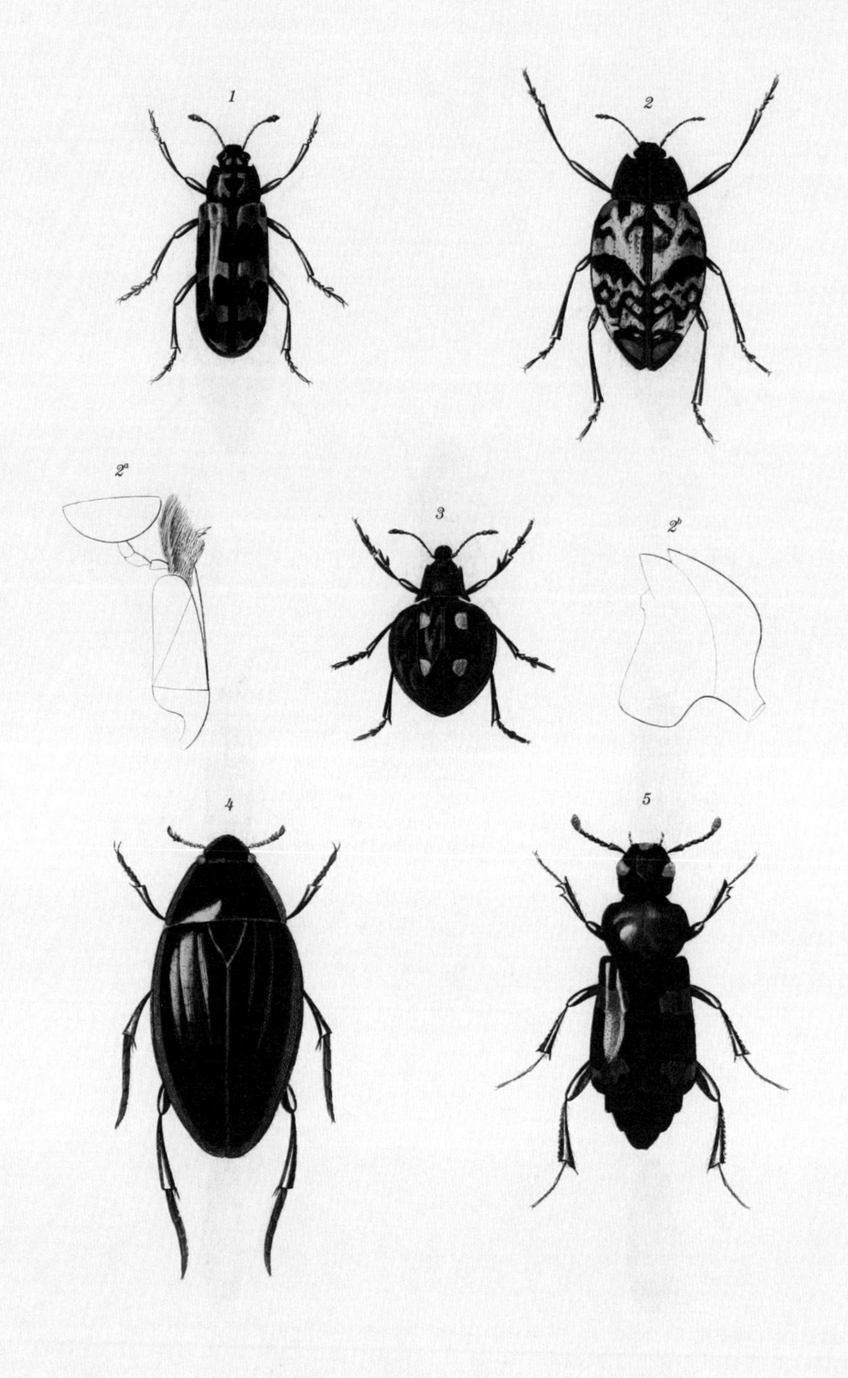

1. 额恩蕈甲大型亚种　2. 大蕈甲一种　3. 大伪瓢虫

4. 水龟甲一种　5. 埋葬甲一种

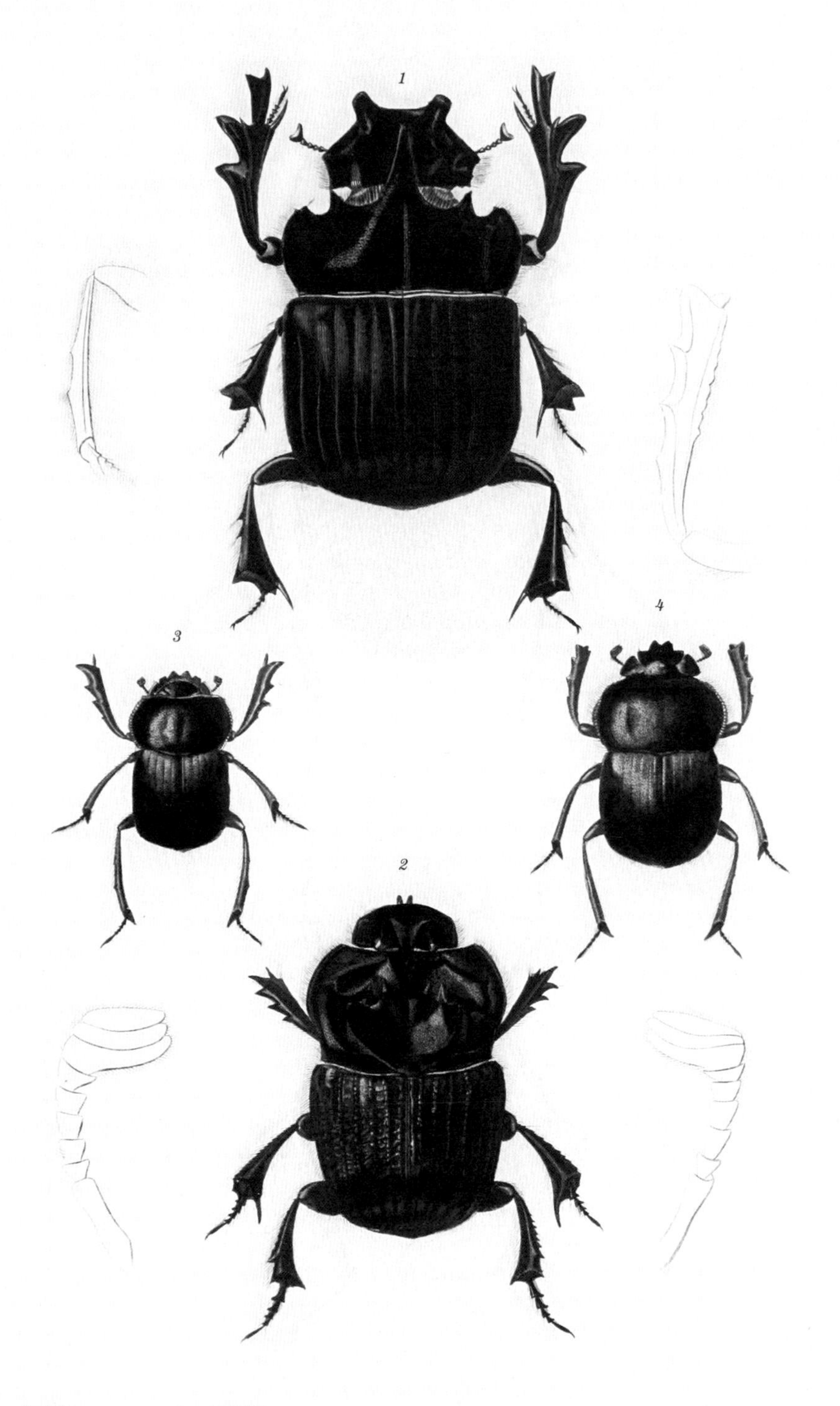

1. 粪蜣螂　　2. 彩蜣螂

3. 圣甲虫♂　　4. 圣甲虫♀

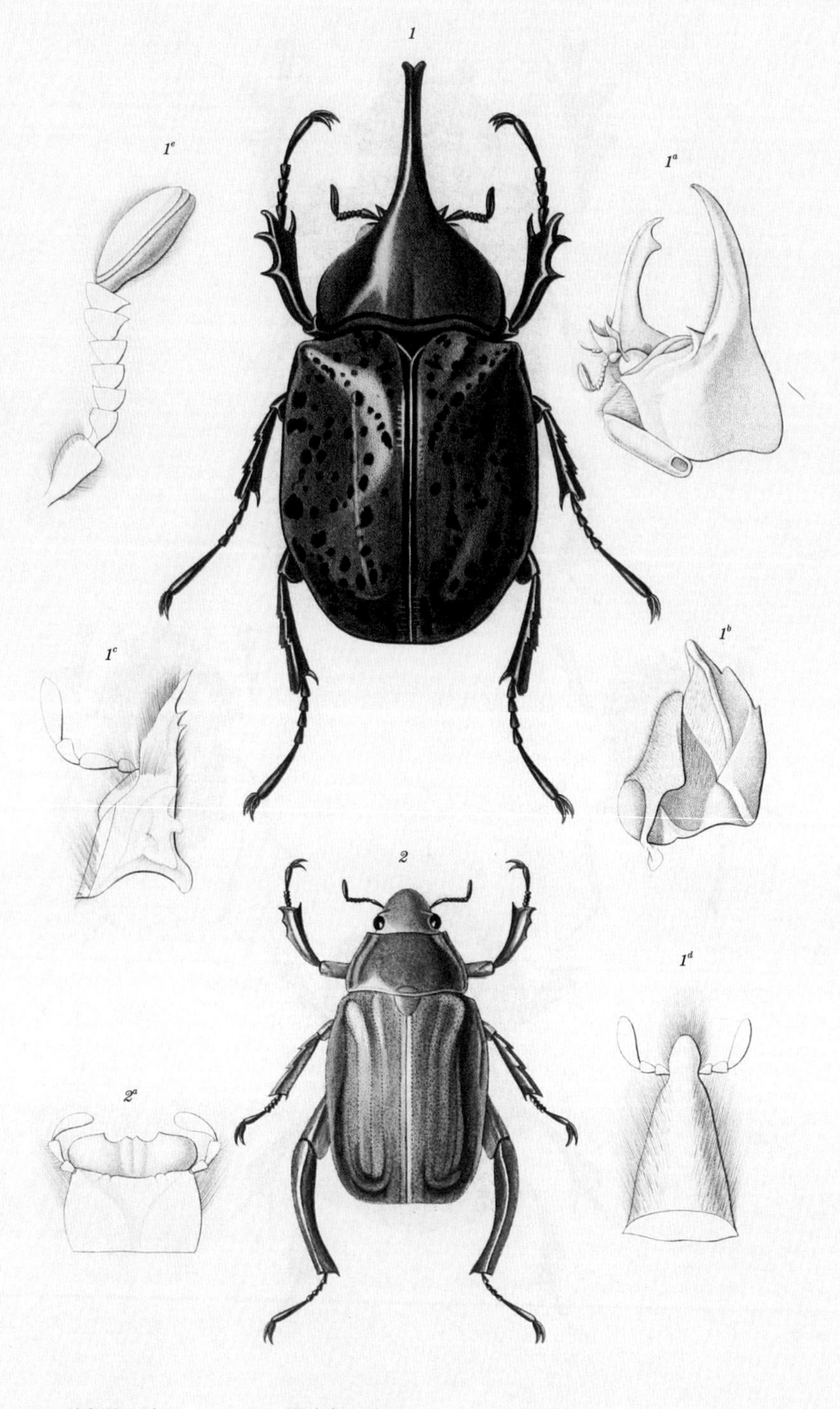

1. 独角仙一种　　2. 丽金龟一种

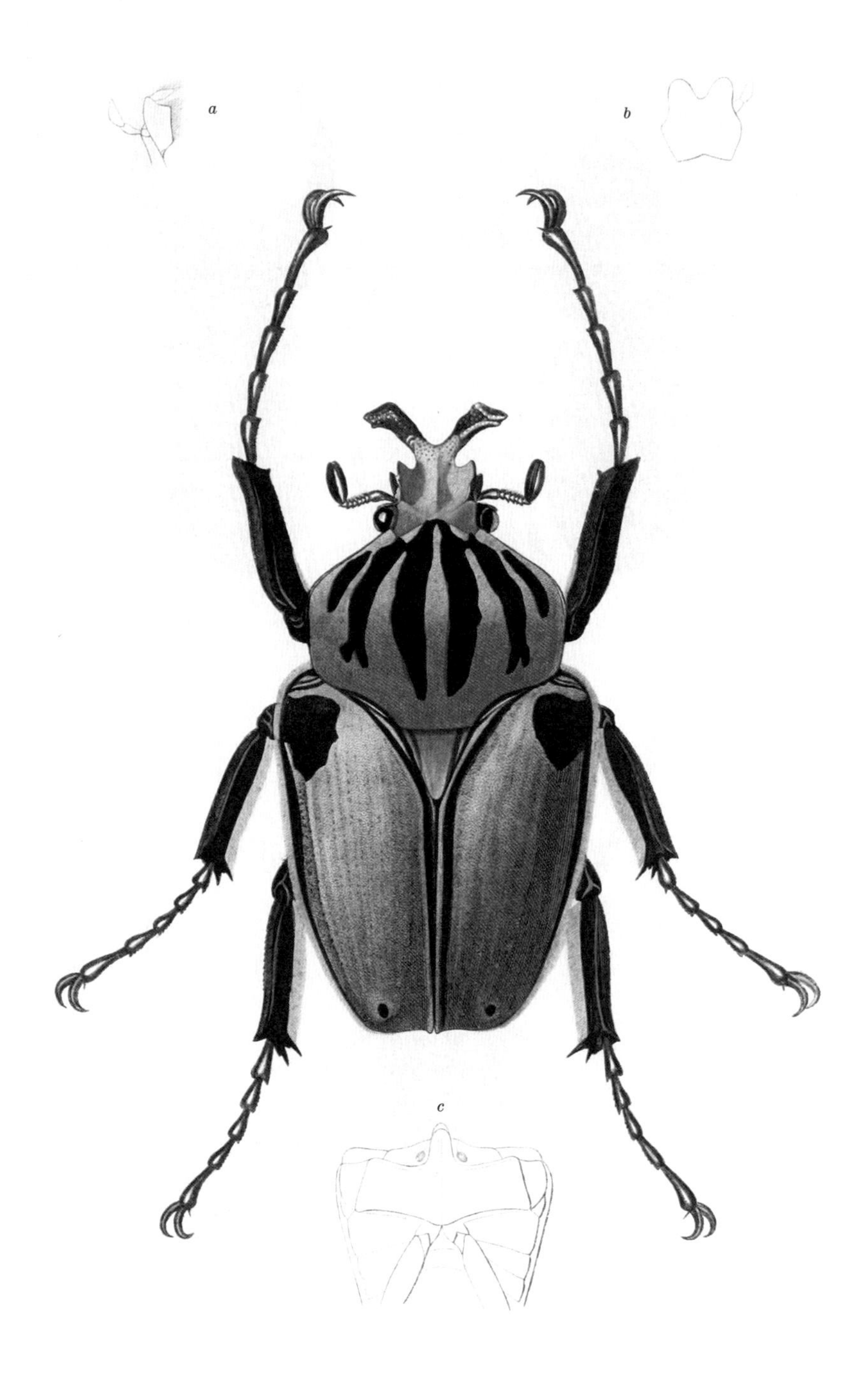

非洲大花金龟

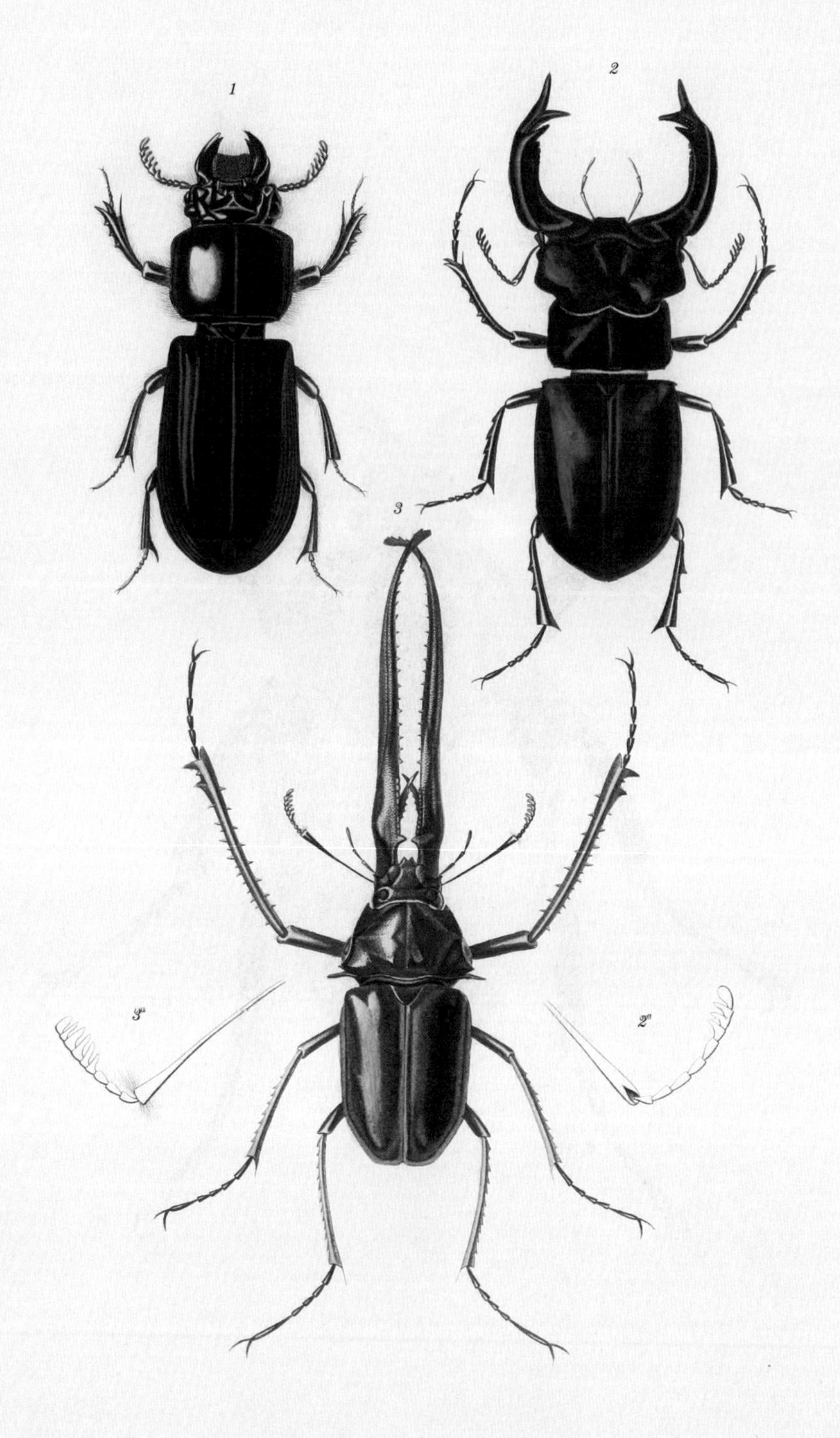

1. 黑蜣一种　　2. 深山锹甲　　3. 锹甲一种

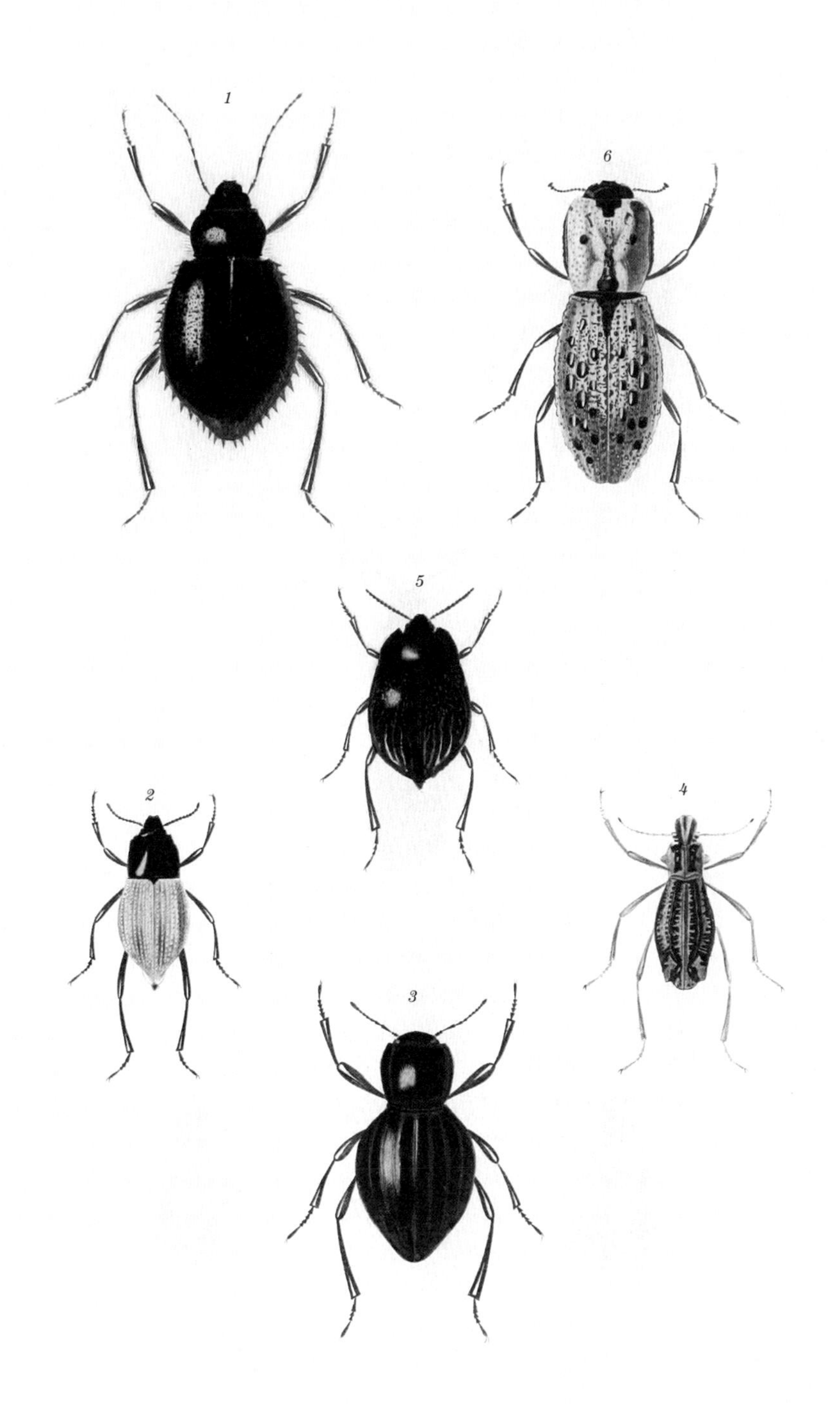

1. 黑甲虫　　2. 长足甲一种　　3. 条斑伪叶甲
4. 瘤胸拟步甲　　5. 拟步甲一种　　6. 幽甲

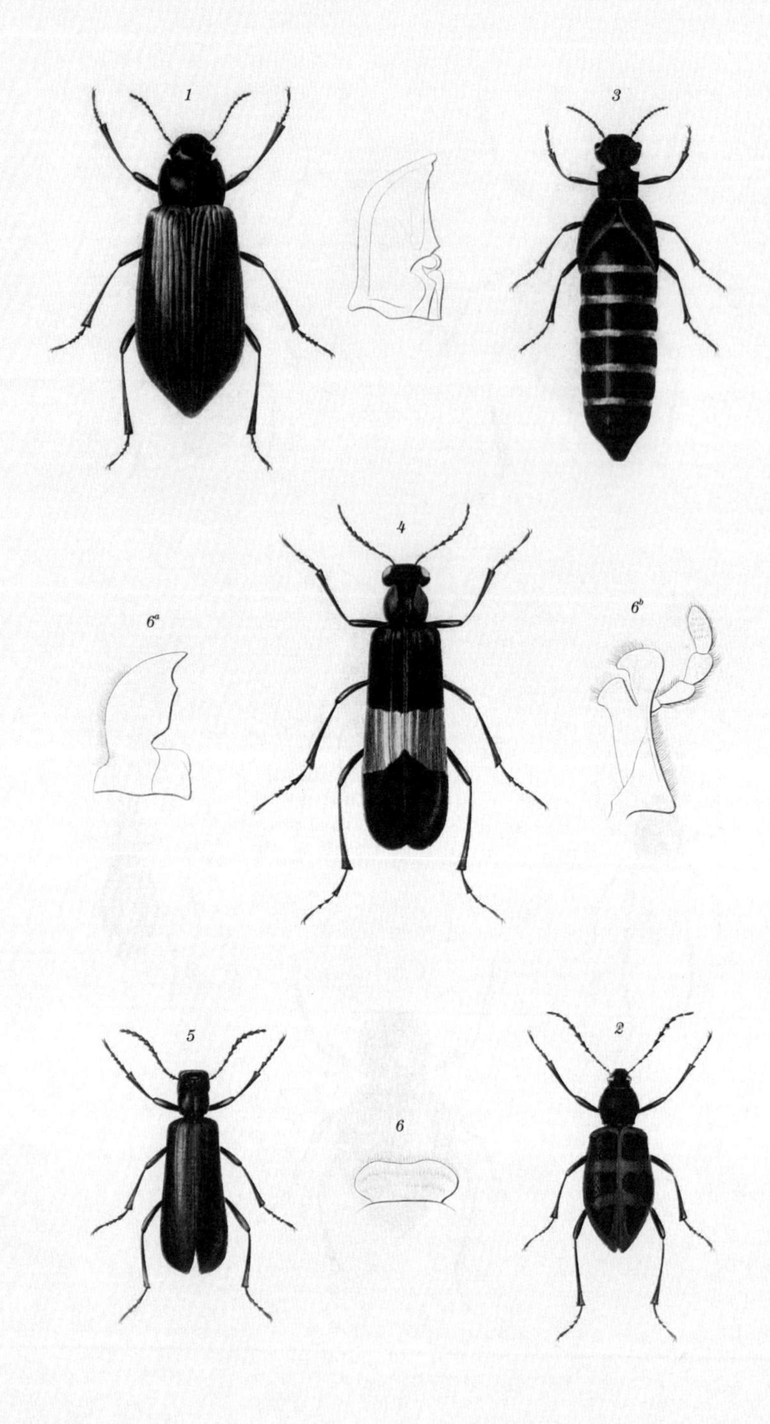

1. 大伪步甲　　2. *Prostenus rubronotatus*　　3. 地胆一种
4. 条斑芫菁　　5. 绿芫菁

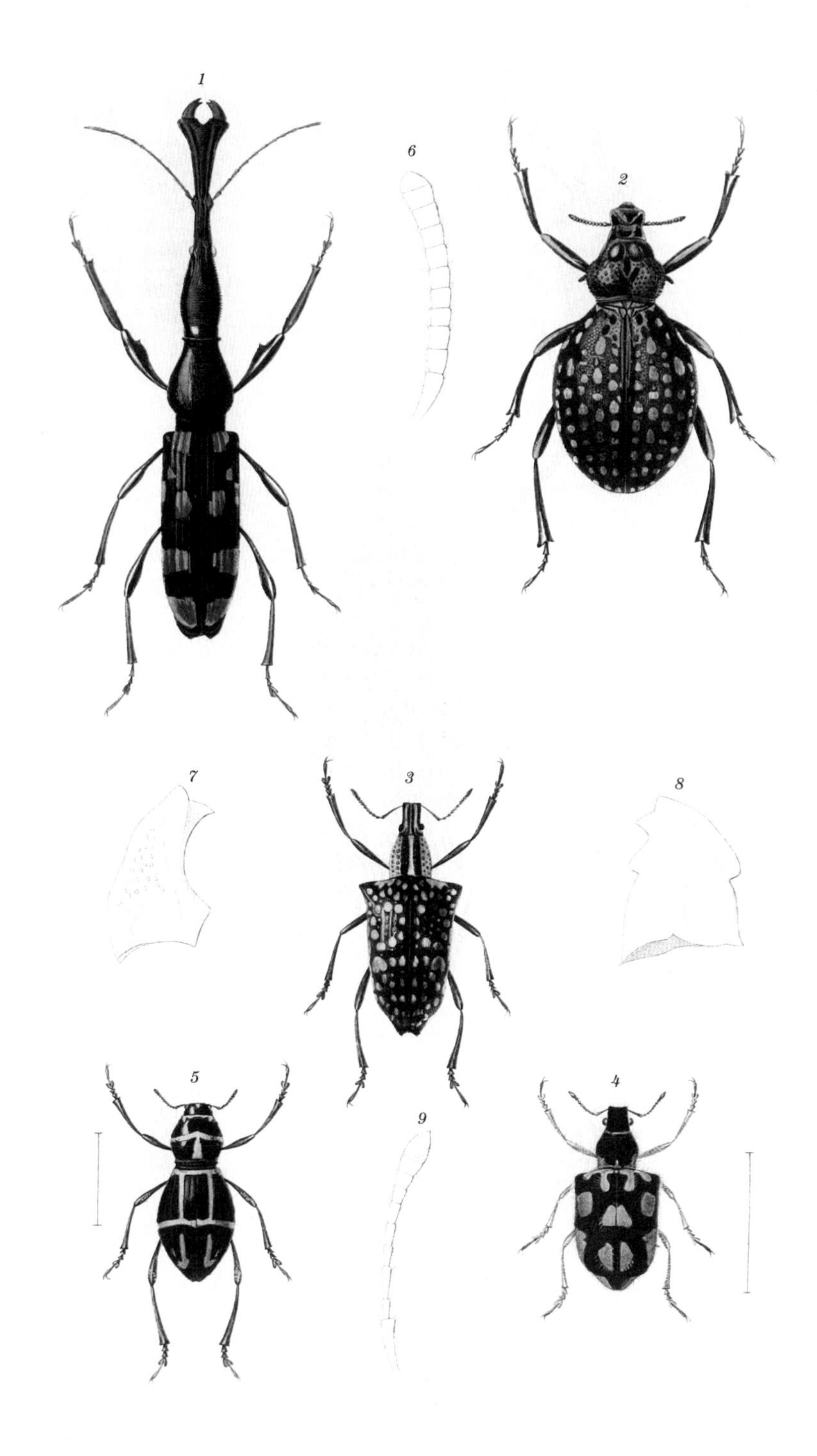

1. 锥象　2. 短角象　3. 钻石象
4. 象甲一种　5. 硬象

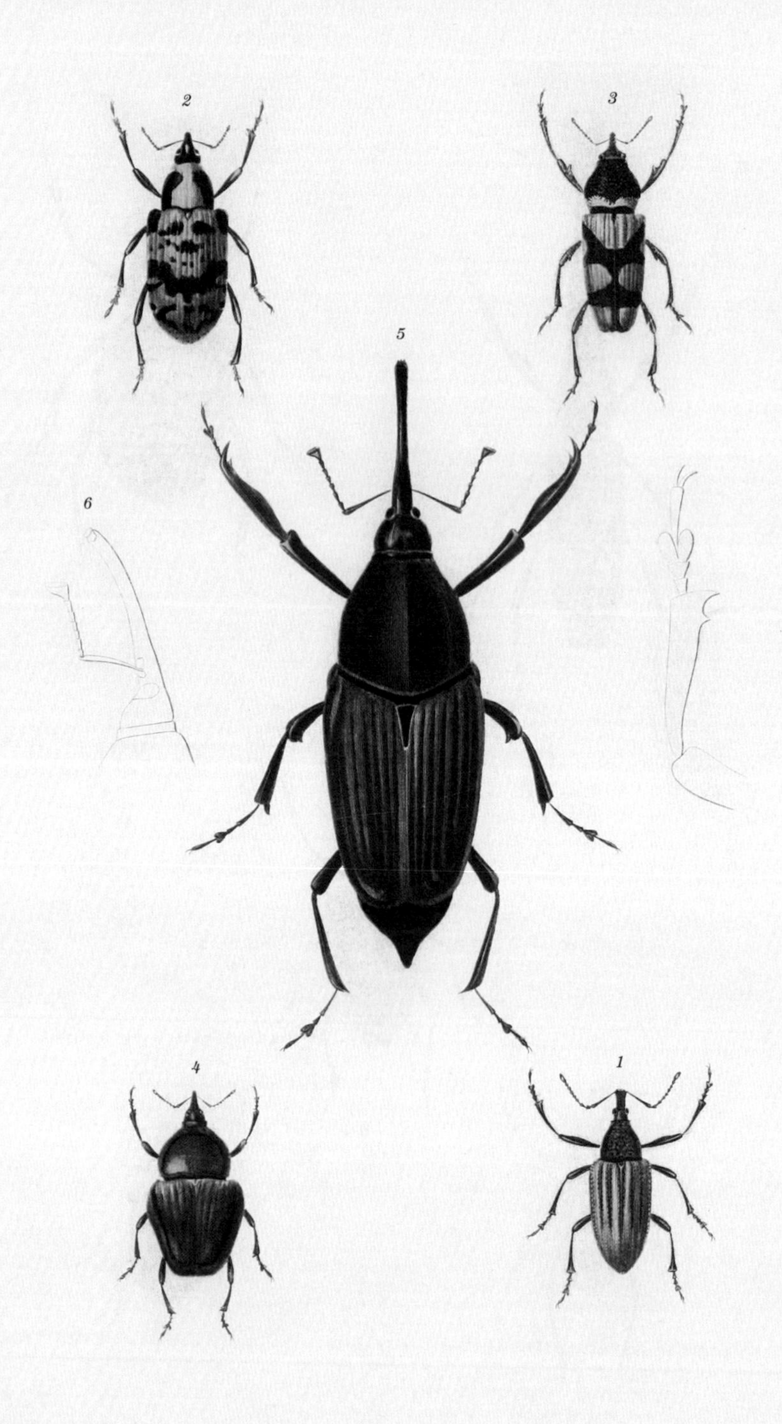

1. 根象一种　2. 大眼象　3. 蛀梗象
4. 彩绘象　5. 谷象

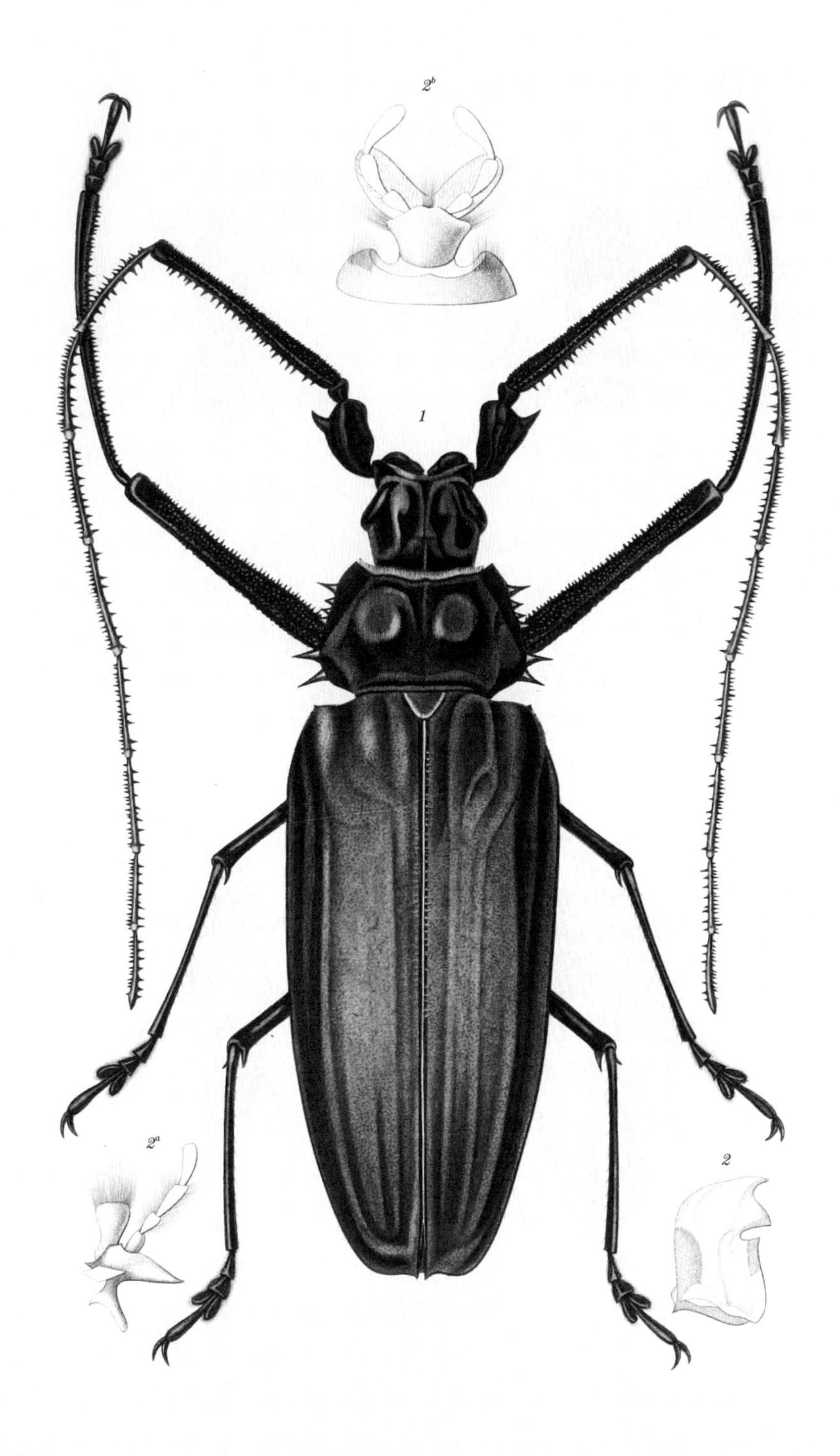

武锯天牛

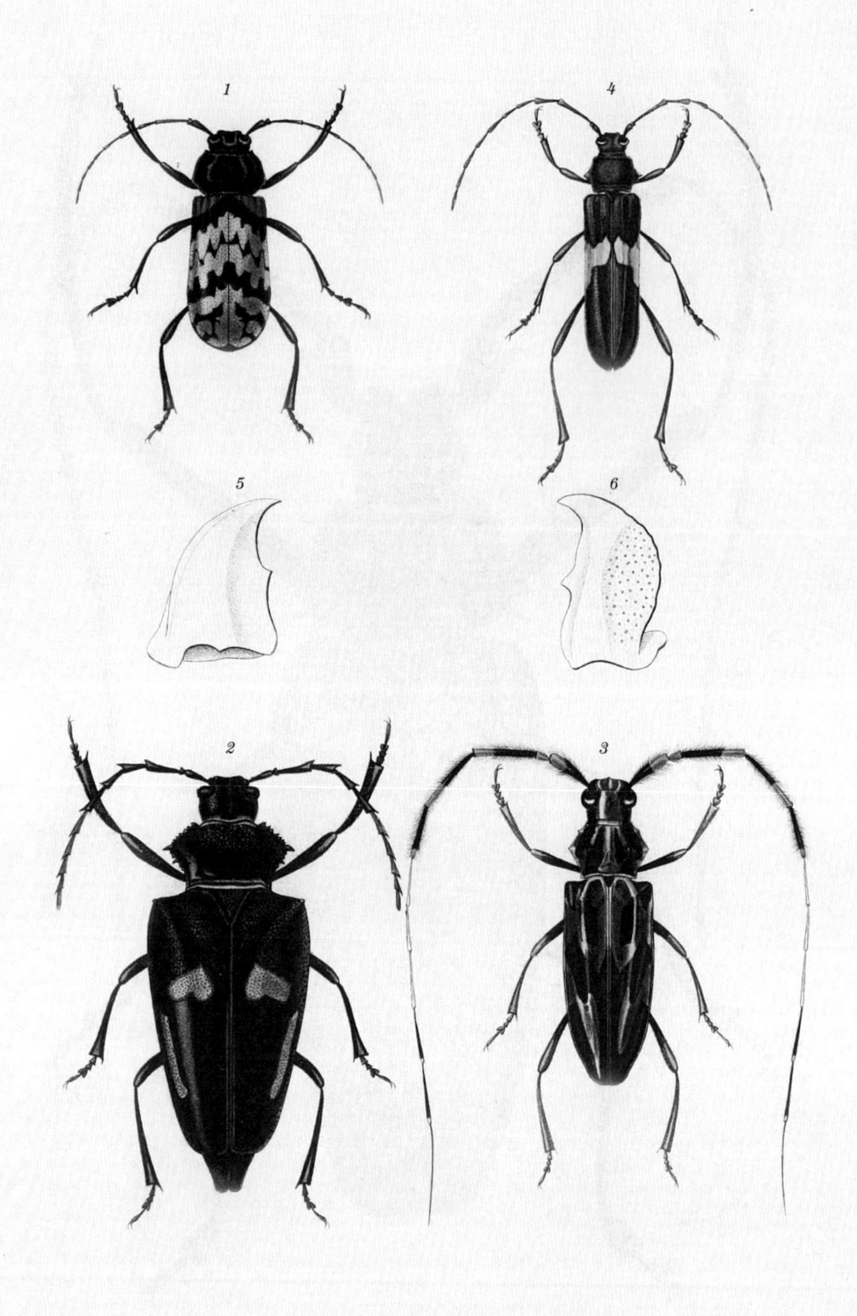

1. 斑天牛　　2. 美锯天牛
3. 芭天牛　　4. 曲带绿天牛

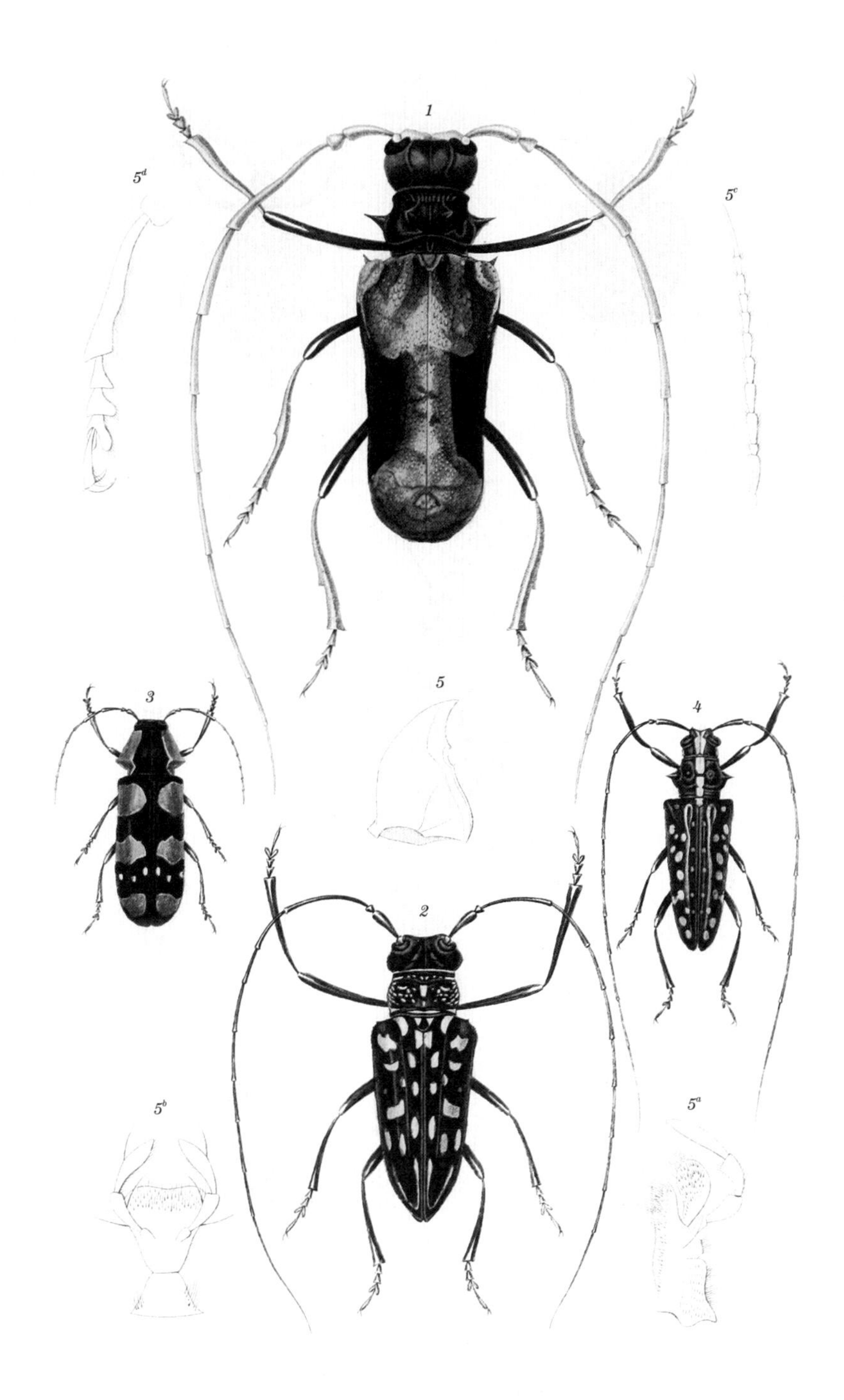

1. 岩颚天牛　　2. 星颚天牛

3. 羊头天牛　　4. 带墨天牛

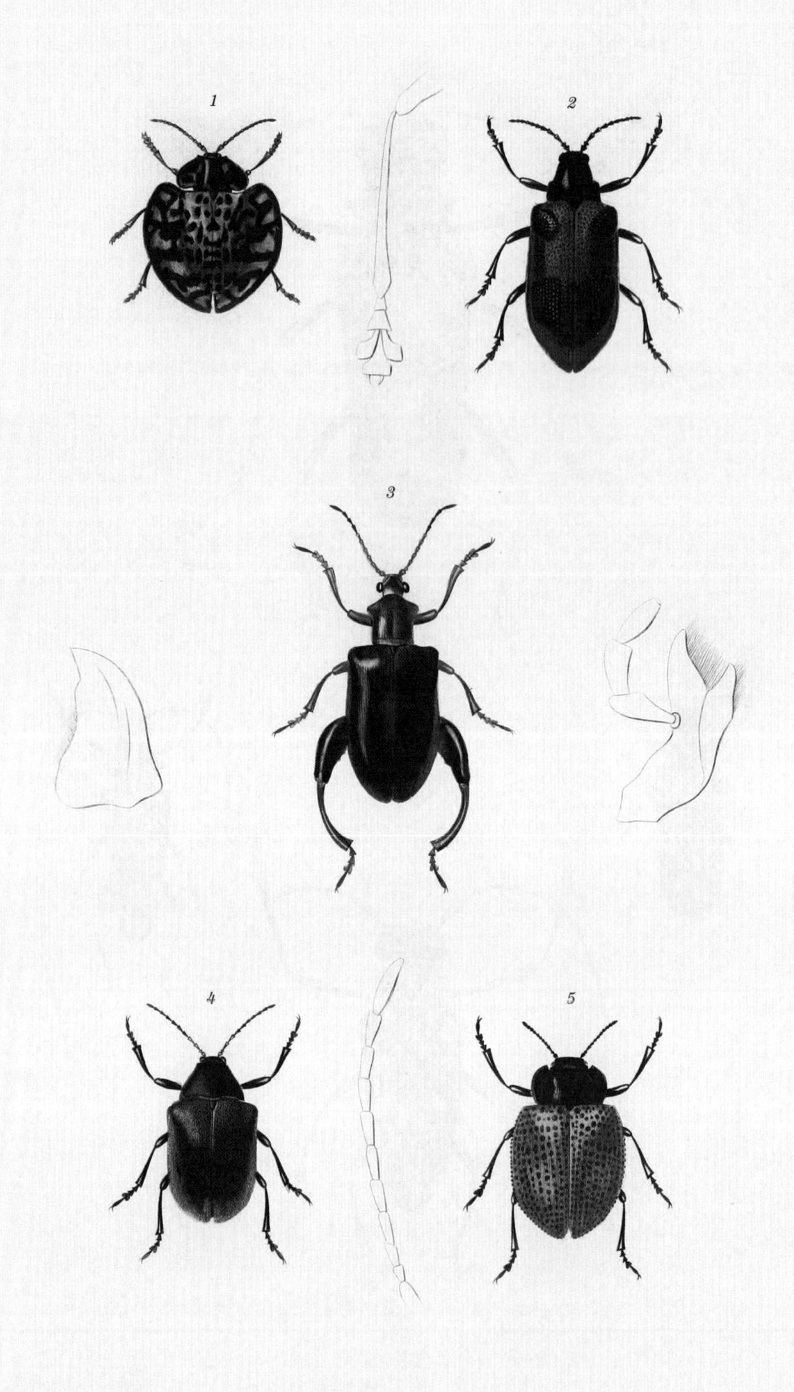

1. 龟甲一种　　2. 负泥虫一种　　3. 茎甲一种
4. 肖叶甲一种　　5. 叶甲一种

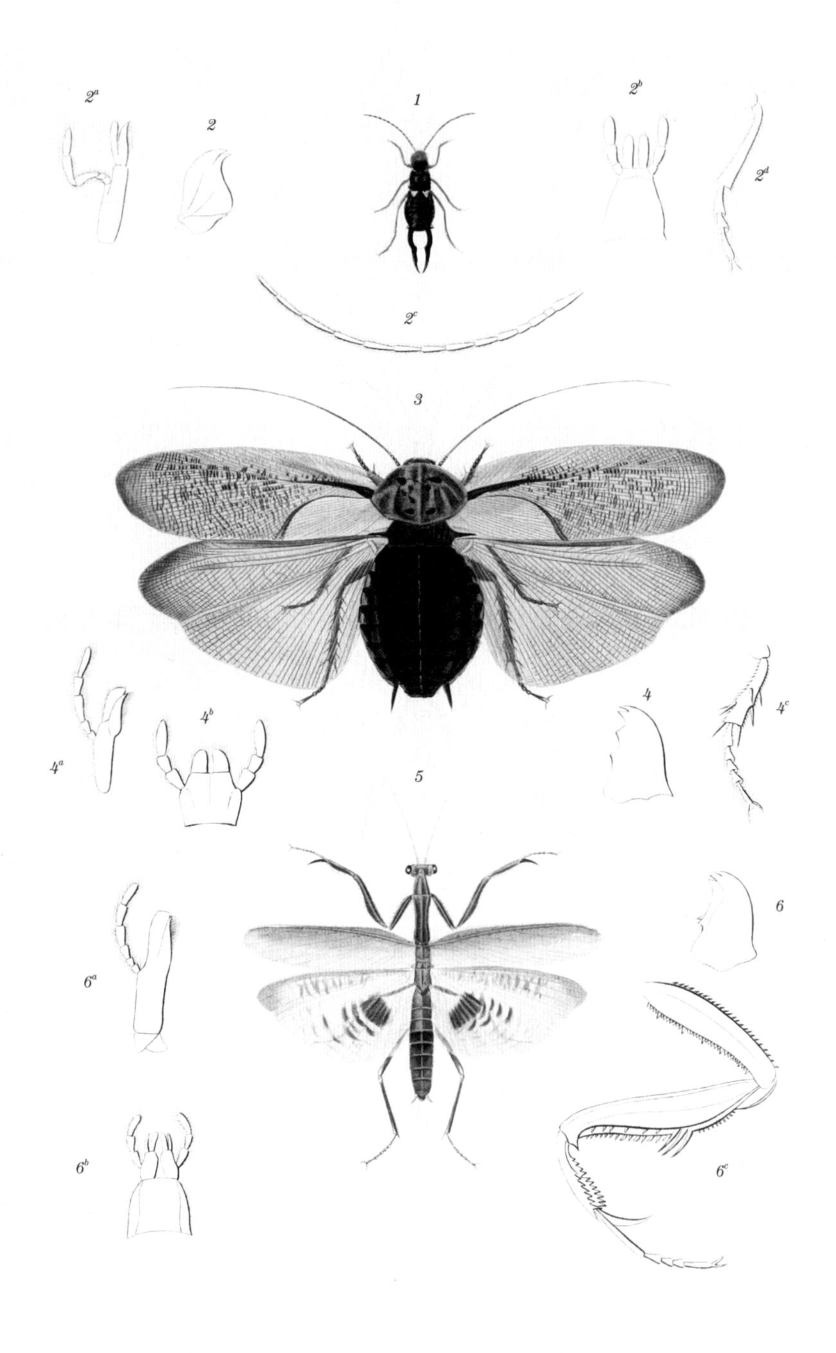

1. 欧洲蠼螋　　3. 美洲大蠊　　5. 欧洲螳螂

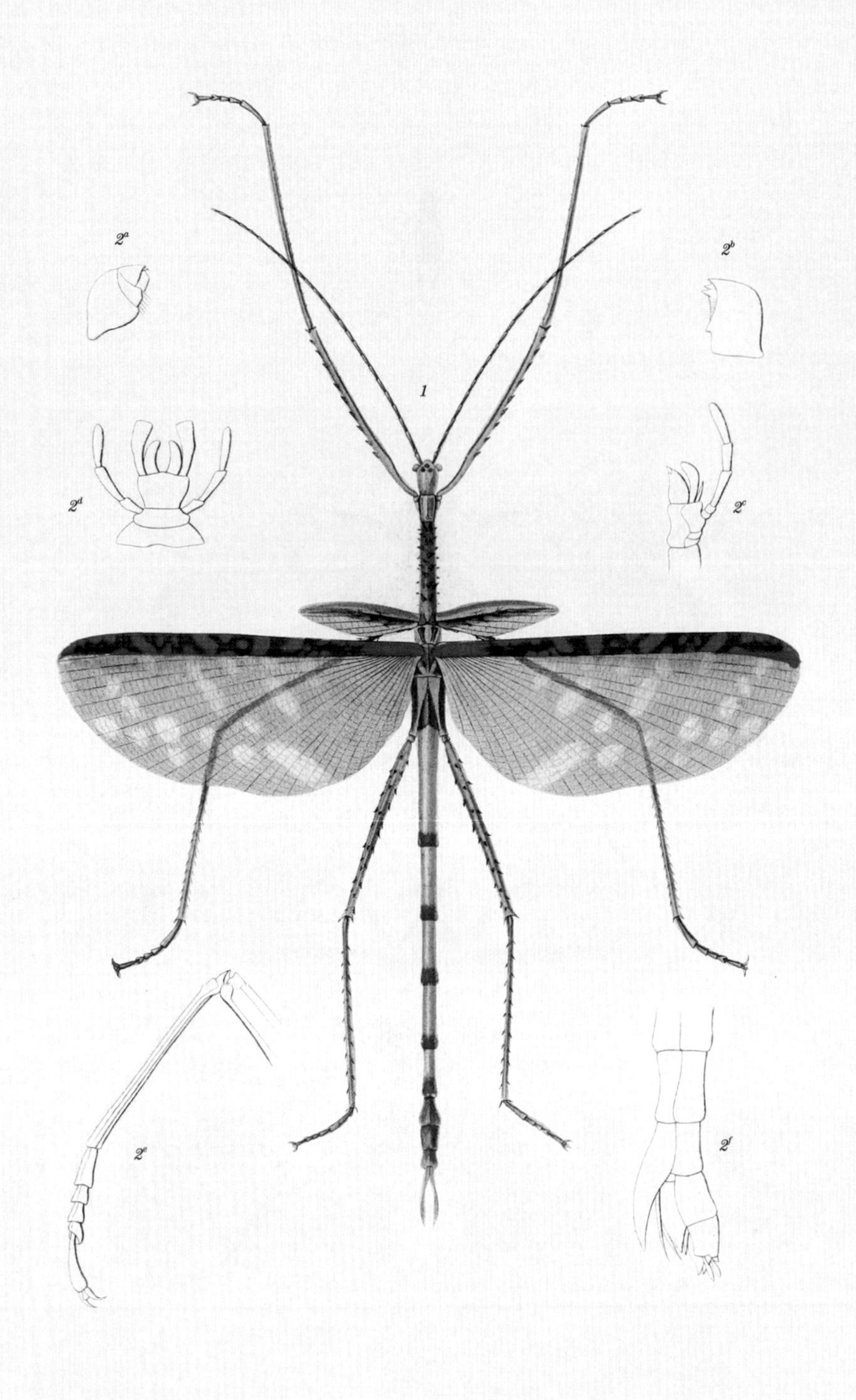

泰坦叶尾竹节虫

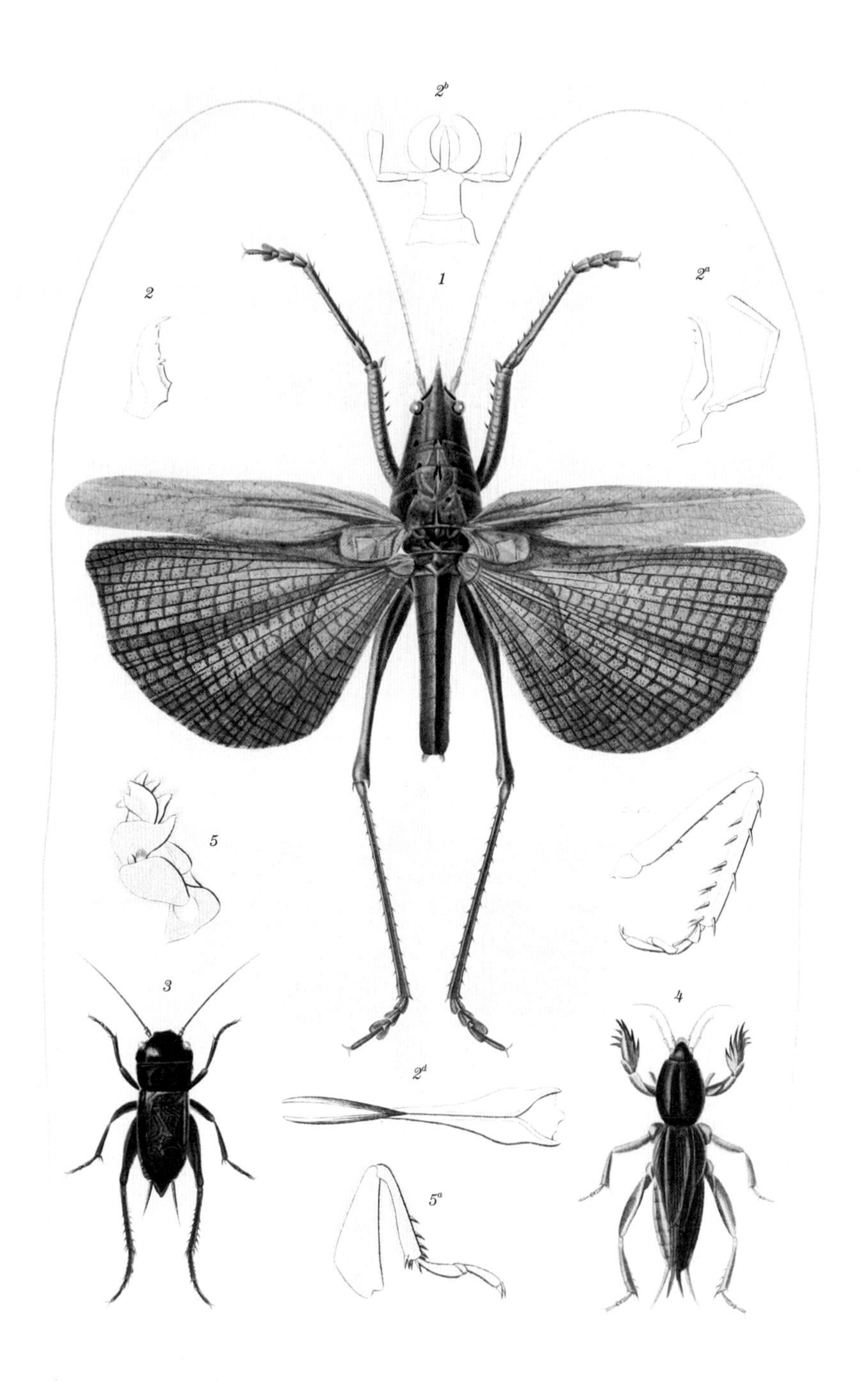

1. 螽斯一种　3. 田蟋　4. 普通蝼蛄

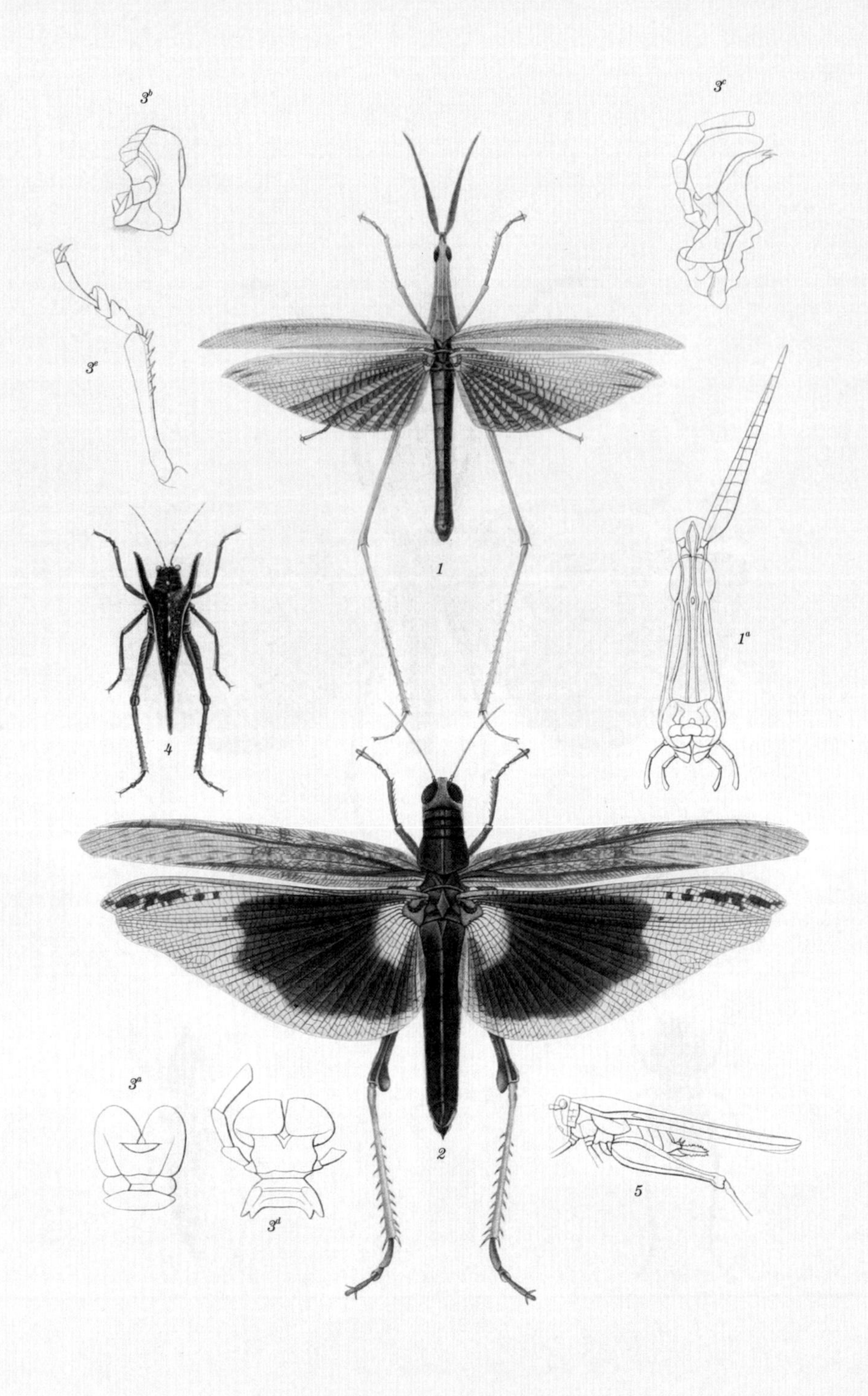

1. 荒地蝗一种　　2. 斑翅蝗一种　　4. 菱蝗一种

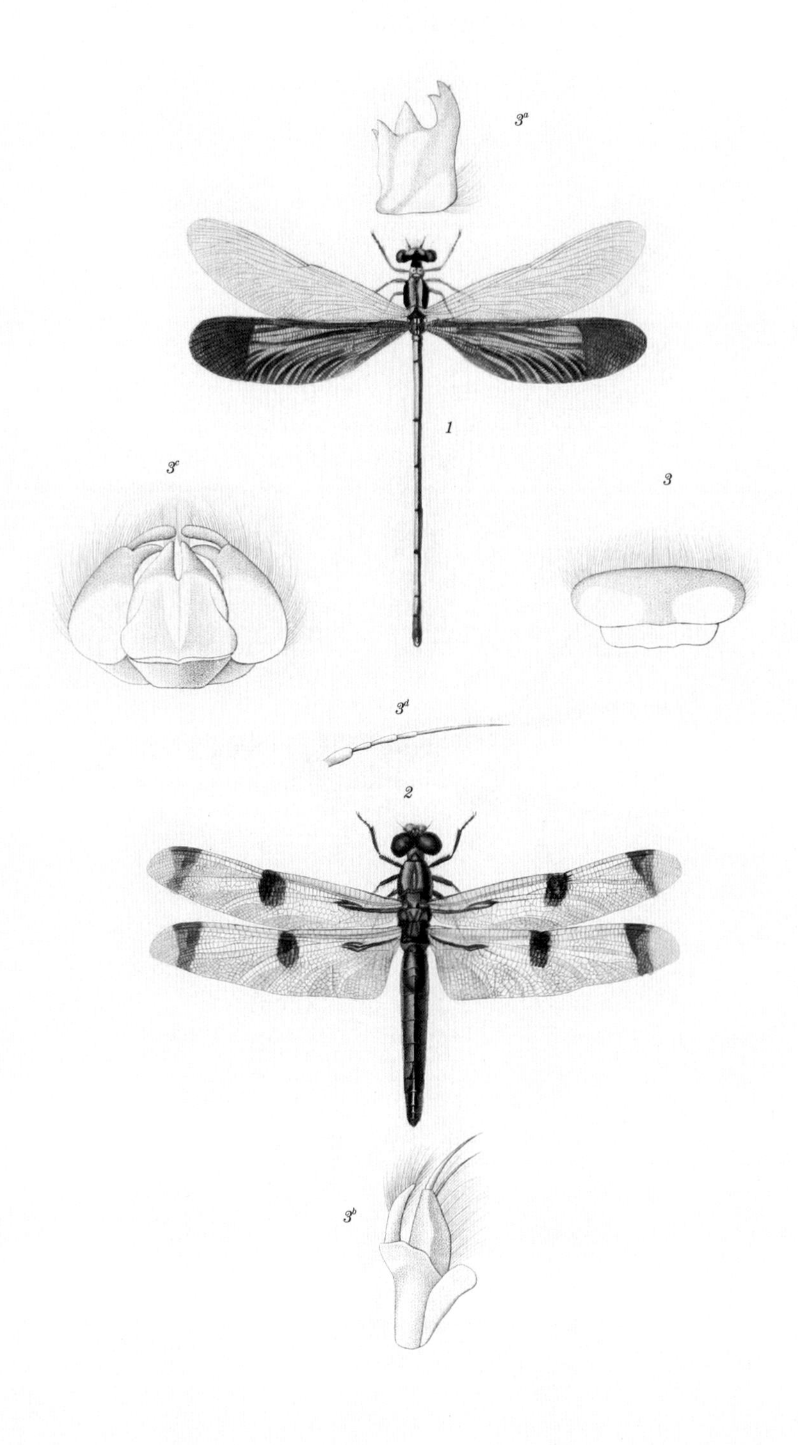

1. 中国色蟌　　　2. 宽翅蜻蜓

角新齿蛉

1. 斑翅蝶角蛉　　2. 华丽须蚁蛉　　3. 曲纹旌蛉

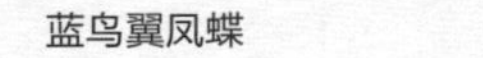
蓝鸟翼凤蝶

a
b
c

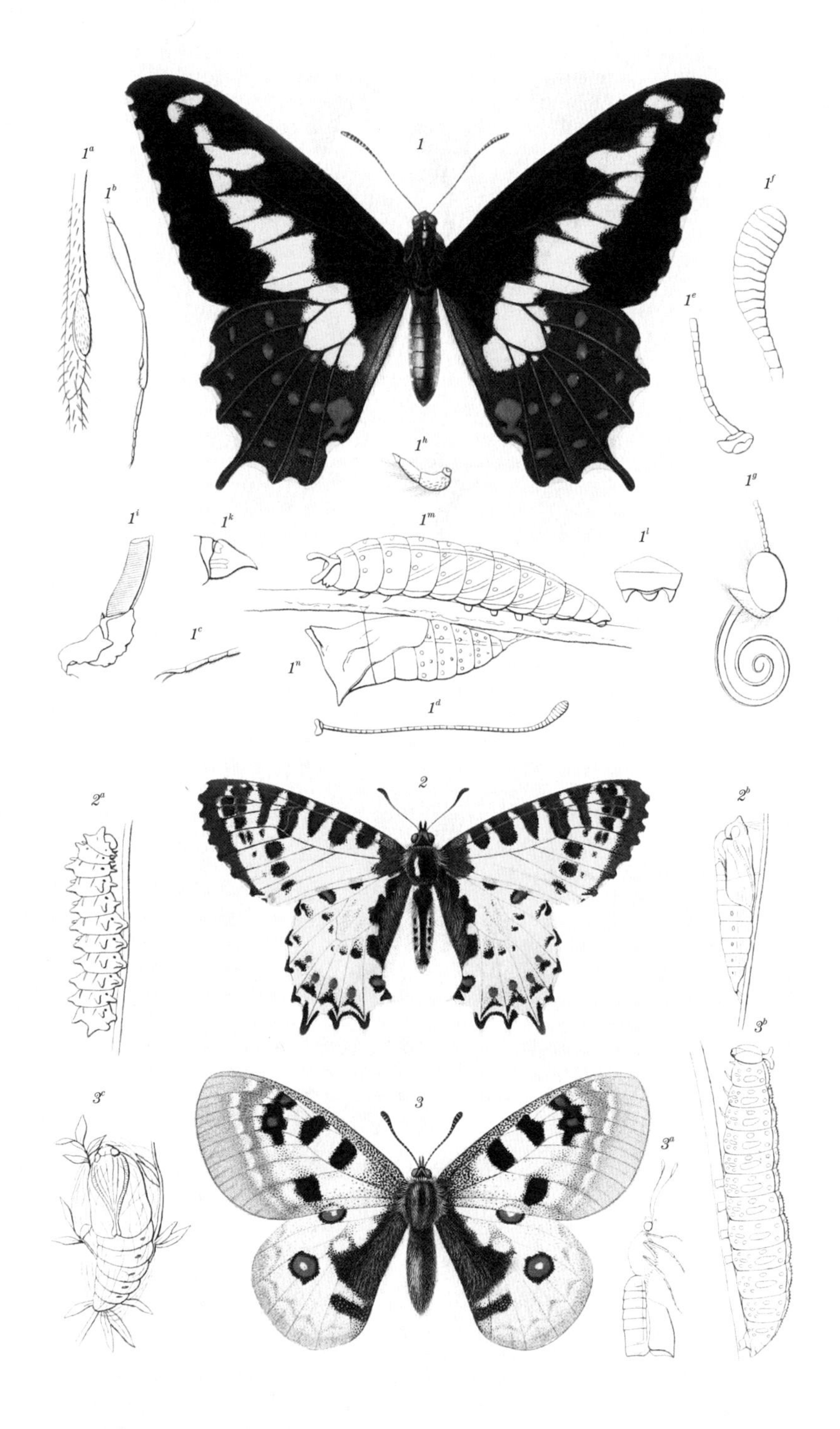

1. 岐带凤蝶　　2. 花绢凤蝶　　3. 福布绢蝶

1. 库襟粉蝶　　2. 欧眉粉蝶

3. 克雷钩粉蝶　　4. 黑缘豆粉蝶

1. 黑条拟斑蛱蝶　　2. 蛤蟆蛱蝶　　3. 海神袖蝶

1. 美眼蛱蝶　　2. 珠旖斑蝶
3. 雅线蛱蝶　　4. 潘豹蛱蝶

1. 阿东闪蝶　　2. 三斑坤环蝶

1. 暗环蝶　2. 霍眼环蝶　3. 杂色伶弄蝶

1. 绿带燕凤蝶　　2. 莫凤蚬蝶　　3. *Diophtalma cresus*
4. 依线灰蝶　　5. 阿东尼灰蝶　　6. 窝眼灰蝶
7. 橙红斑蚬蝶

1. 佳蝶蛾　　2. 优裳蛾　　3. 皮虎蛾

1. 海长喙天蛾　2. 绿白腰天蛾　3. 台湾鹿蛾

1. 赭带鬼脸天蛾
2. 珍珠梅斑蛾
3. 菲鹿蛾

金大蚕蛾

1. 巨帕大蚕蛾
2. 蔷薇大蚕蛾

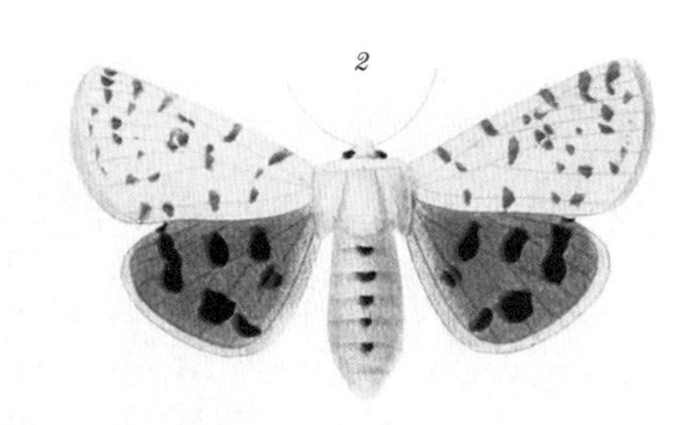

1. 红蝙蝠蛾　　2. 黄灯蛾　　3. 雅灯蛾

1. 缟裳夜蛾　　2. 皇落夜蛾　　3. 佛拟灯蛾

日落蛾

1

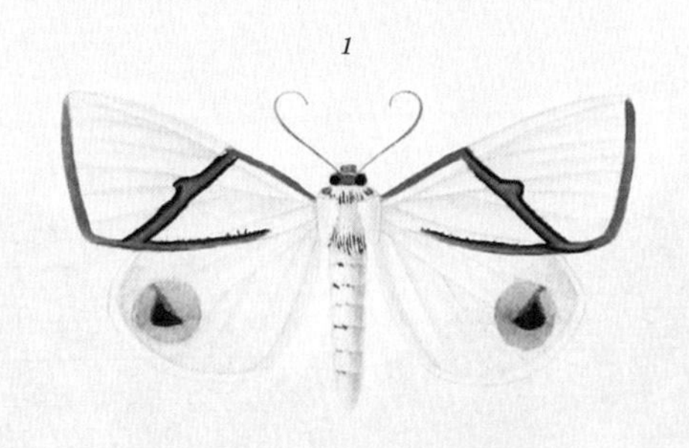

3

4

5

2

1. 广灯蛾　　2. 蝶青尺蛾　　3. 毛菲尺蛾

4. 醋栗尺蛾　　5. 黑白汝尺蛾

青襟油蝉

1. 眼斑鳄头蜡蝉
2. 美洲鳄头蜡蝉
3. 卡氏鳄头蜡蝉

1. 绿锥头蜡蝉　　2. 黑点悲蜡蝉

3. 多斑短头蜡蝉　　4. 黑叉带沫蝉

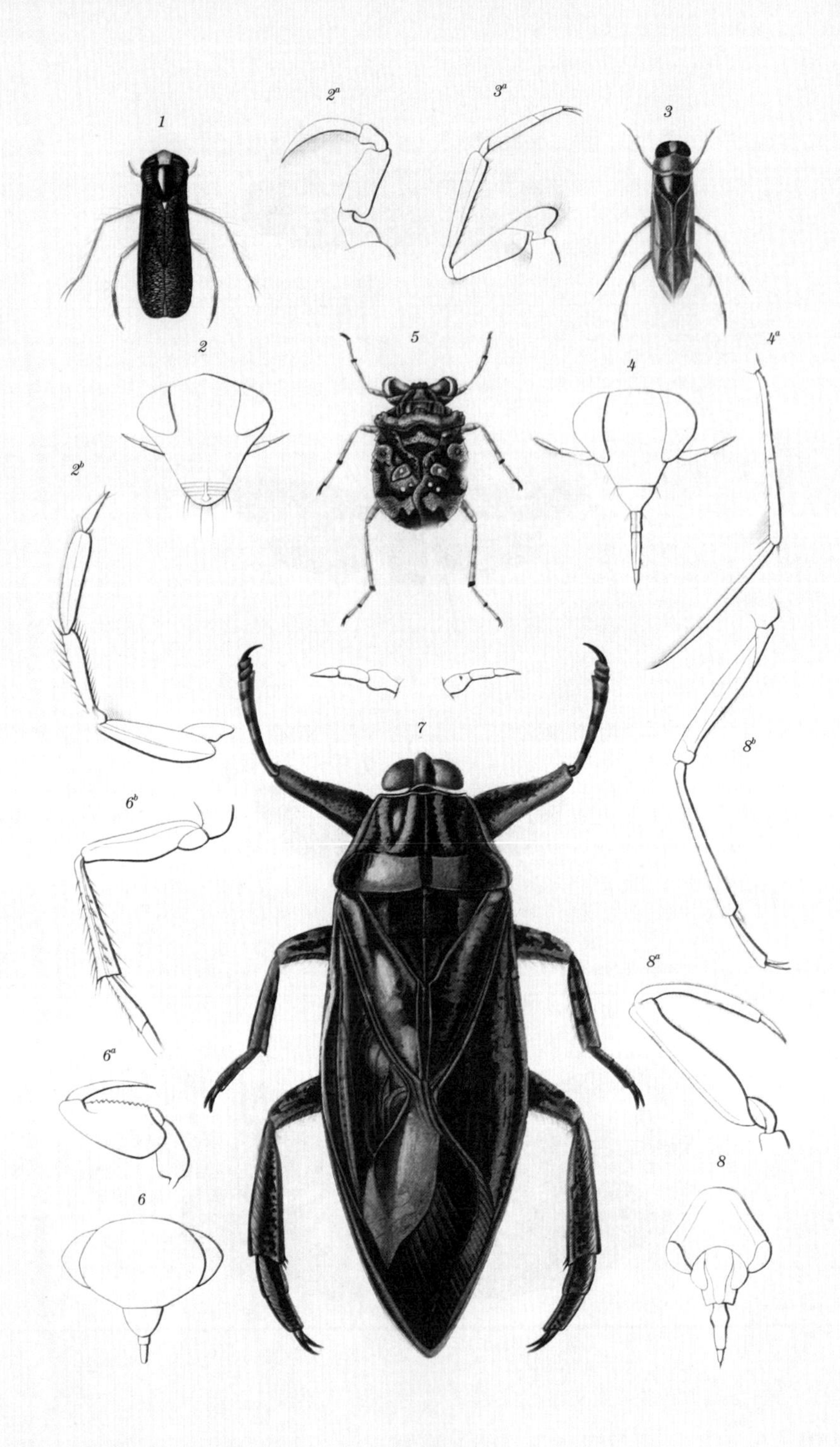

1. *Corixa striata*　　3. 仰泳蝽一种
5. *Galgulus oculatus*　　7. *Belostoma marmoratum*

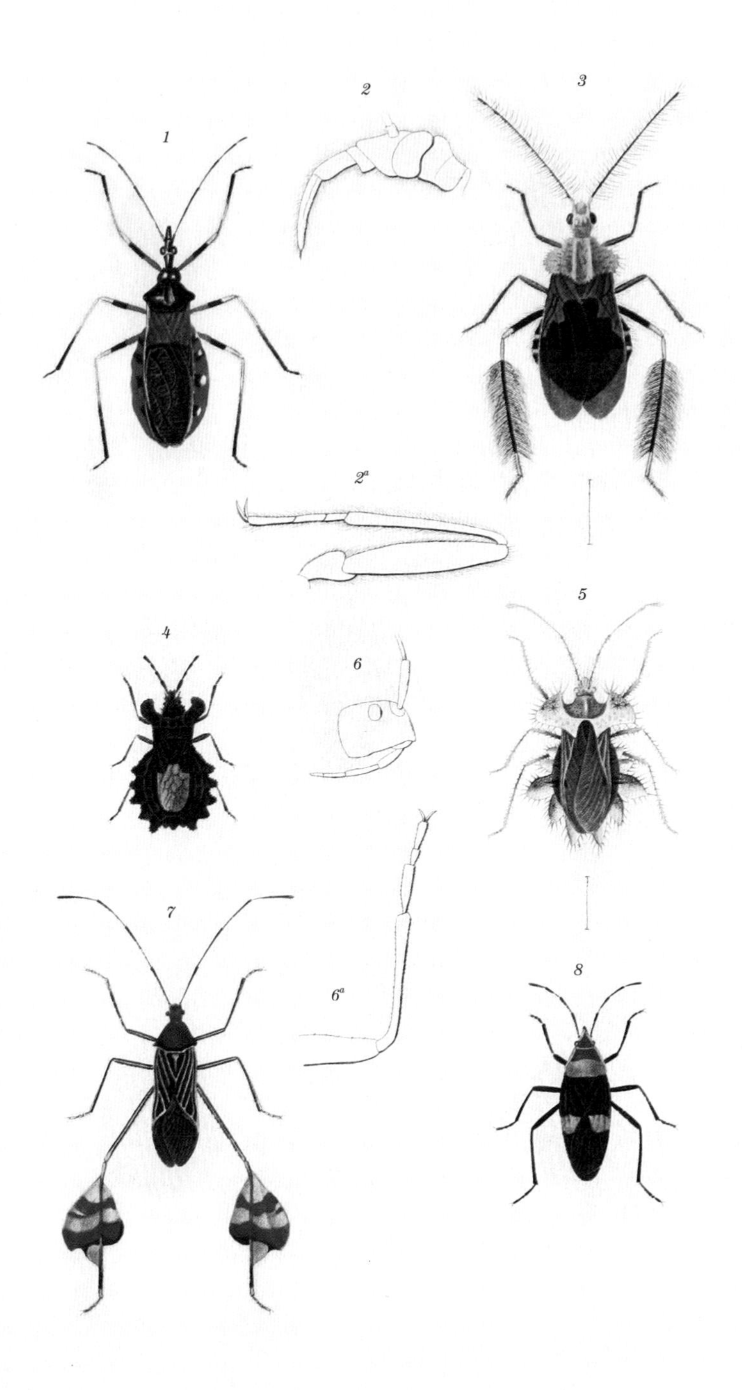

1. 猎蝽一种　3. *Holoptilus lemur*　4. *Dysodius lunulatus*

5. 缘蝽一种　7. *Anisoscelis flavolineatus*　8. *Astemma madagascariensis*

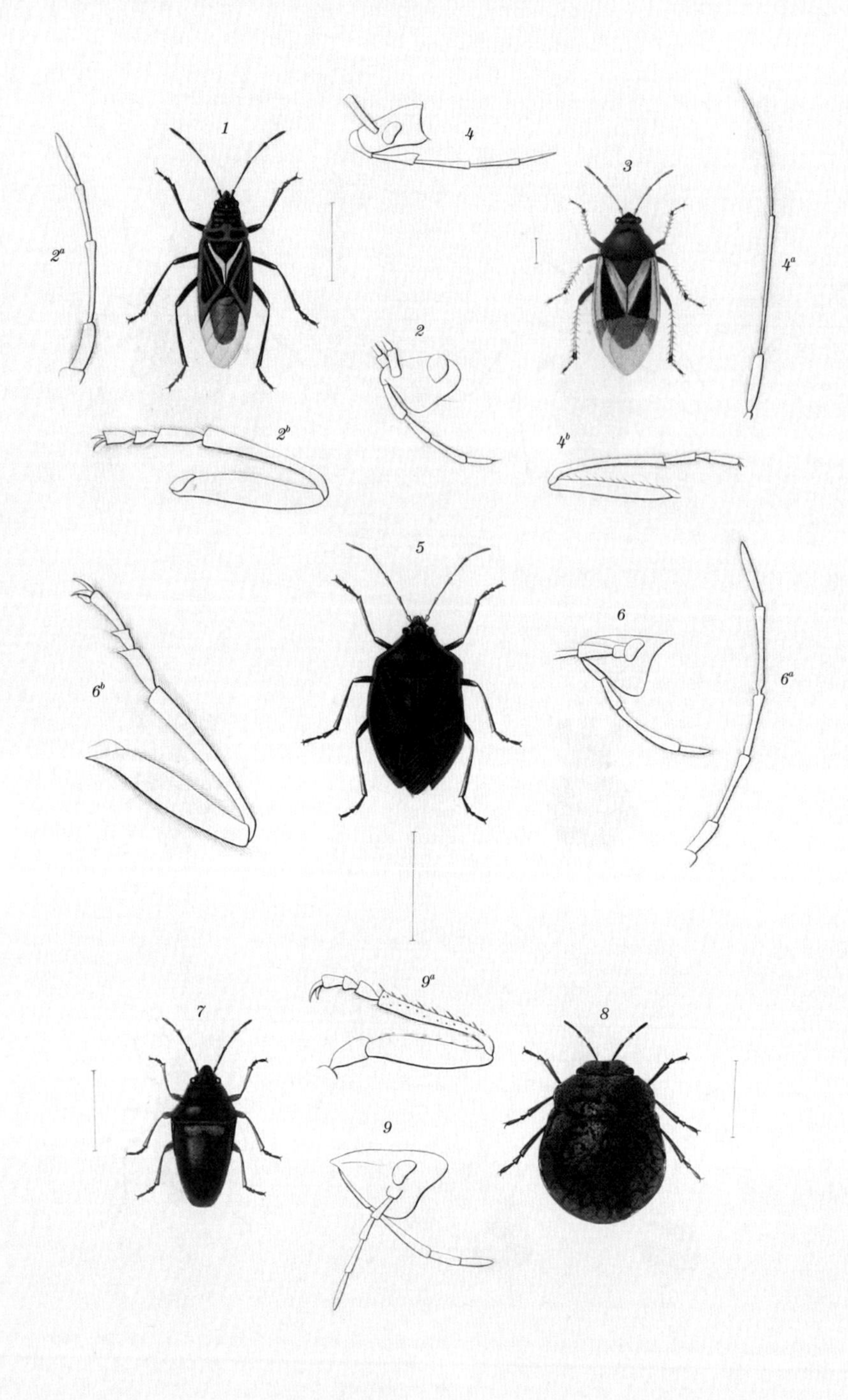

1. 长蝽一种　　3. 植盲蝽一种　　5. 真蝽一种

7. 盾蝽一种　　8. *Platycephala variegata*

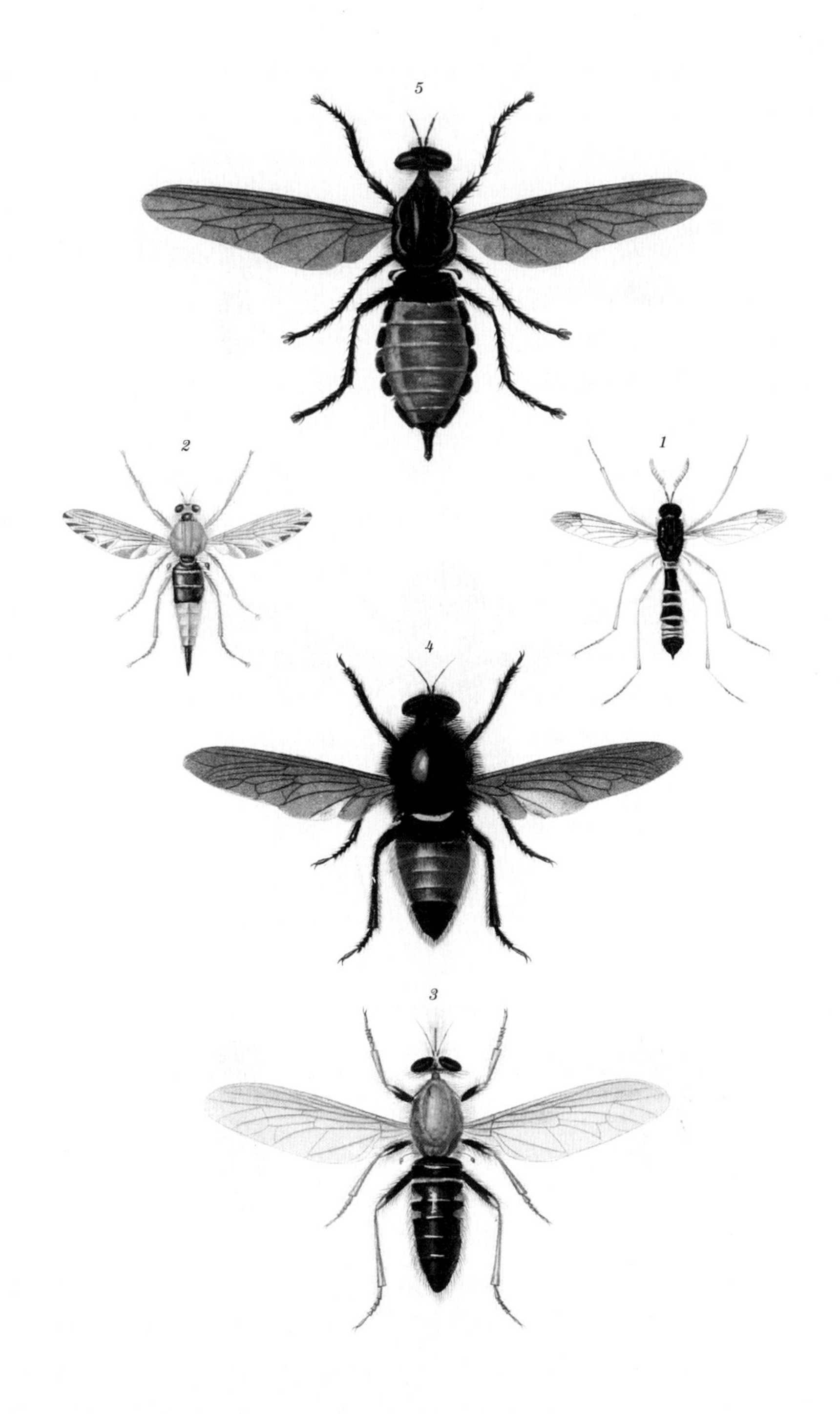

1. *Ctenophora flabellata*　　2. 纹食虫虻　　3. 巨毛食虫虻

4. 乌具毛食虫虻　　5. *Midas gigantens*

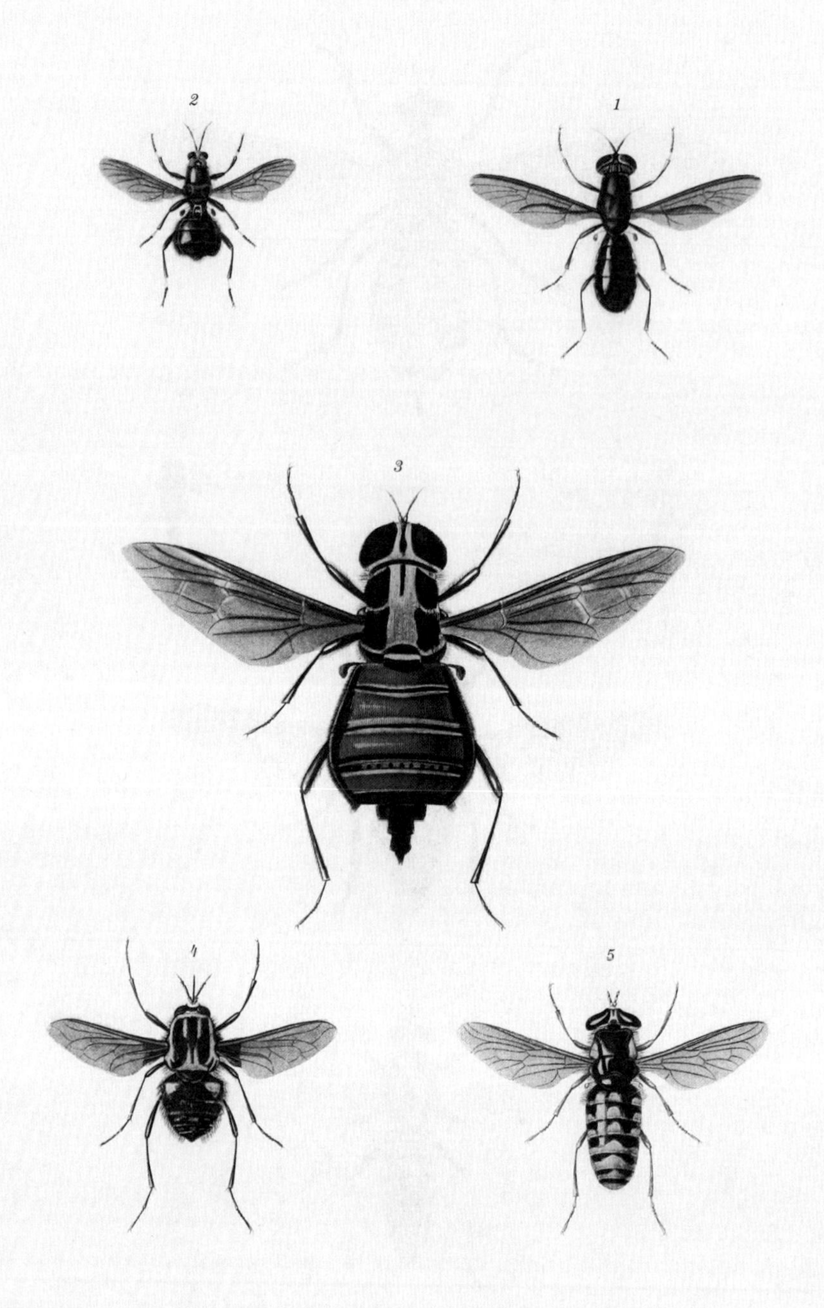

1. 紫晶丽绿水虻　　2. 金焰长鞭水虻　　3. 红腹大虻
4. 椎斑蜂虻　　5. 金环虻

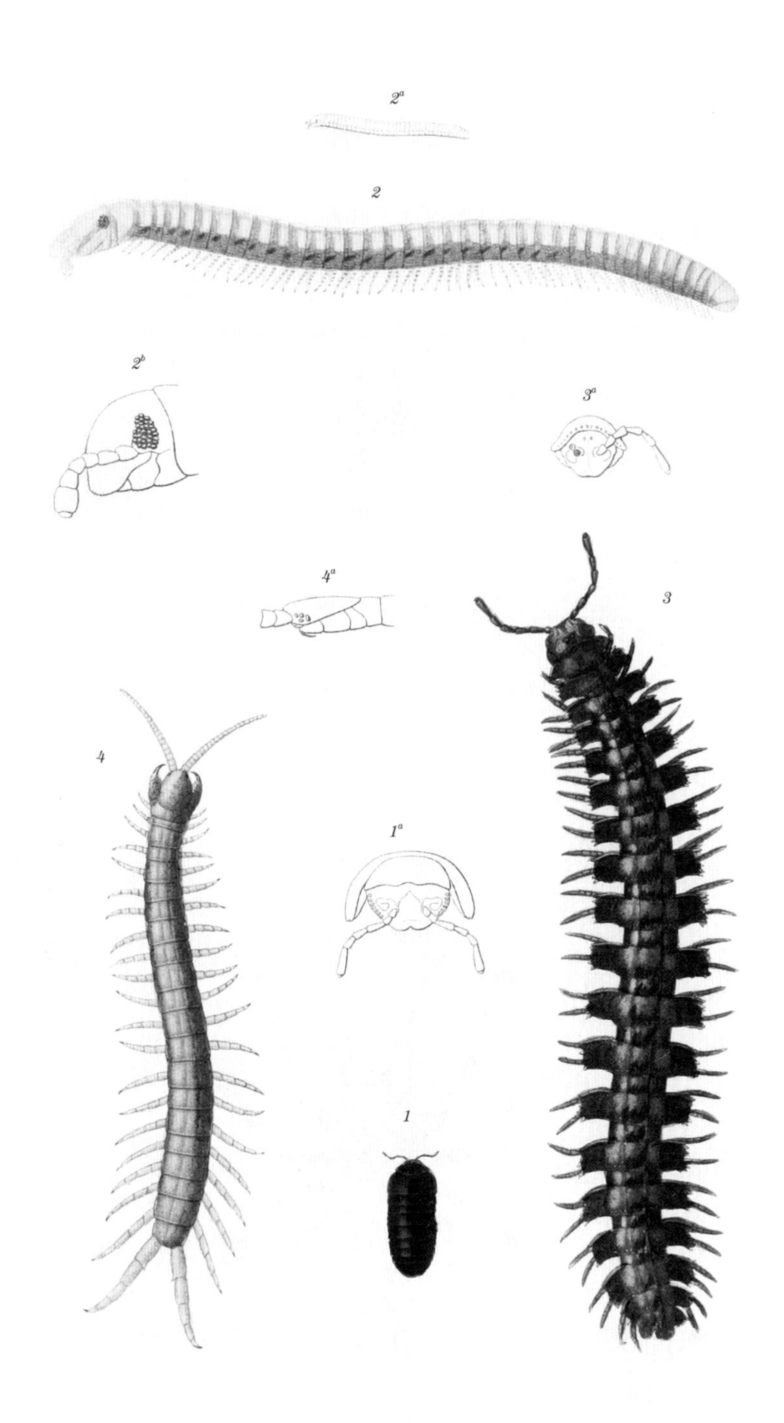

1. 球马陆一种　　2. 马陆一种

3. 条马陆　　4. 赤蜈蚣

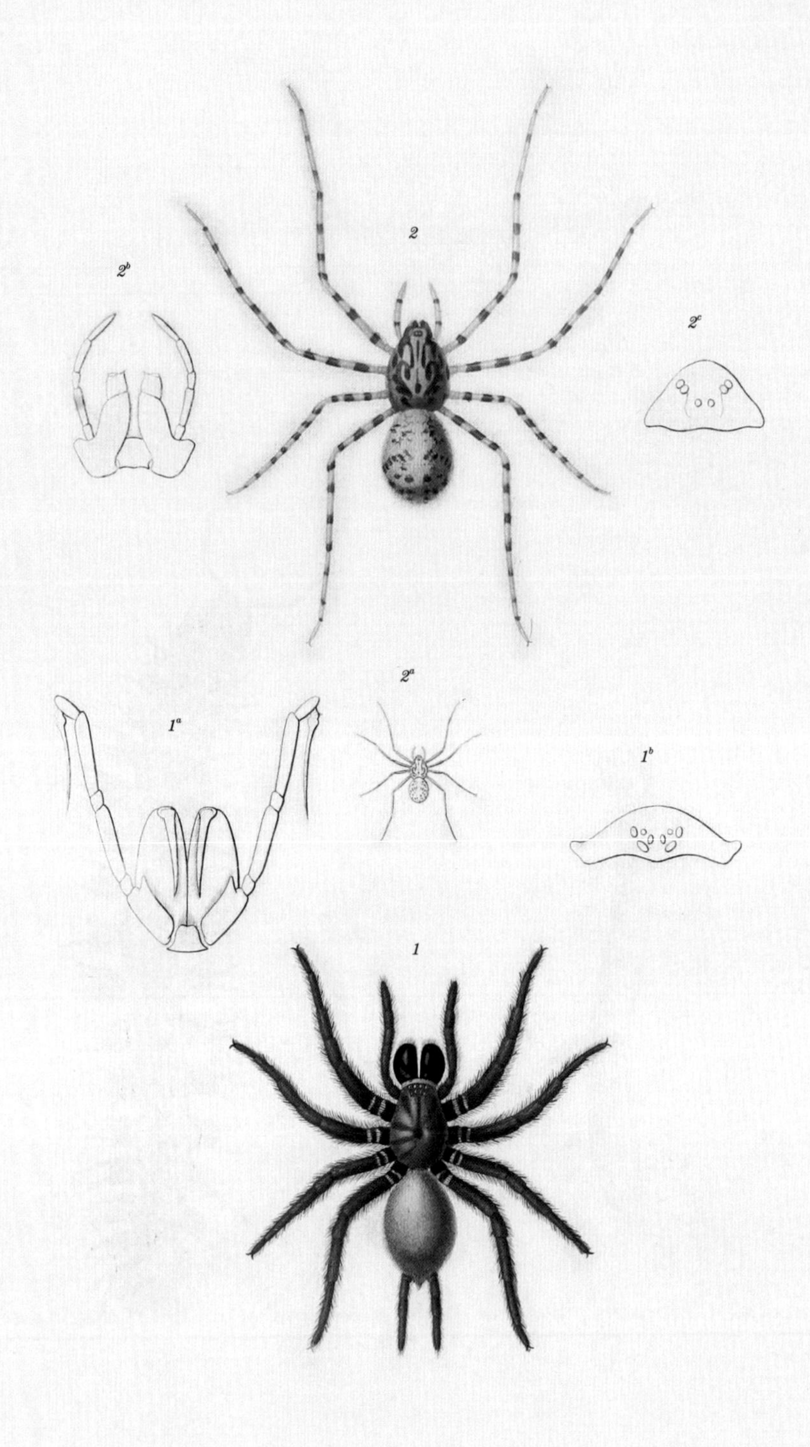

1. *Mygale quoyi*　　2. 黄昏花皮蛛

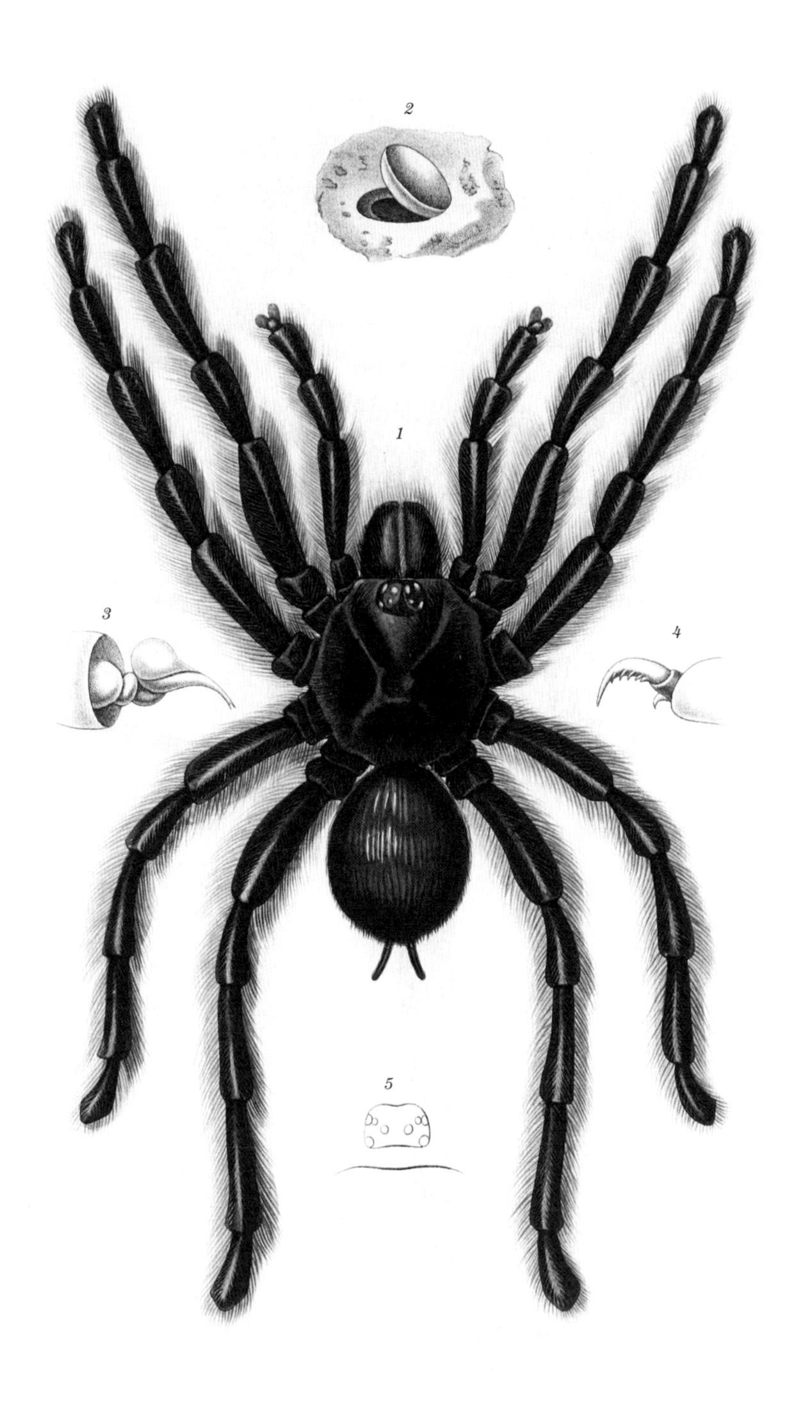

圭亚那粉趾

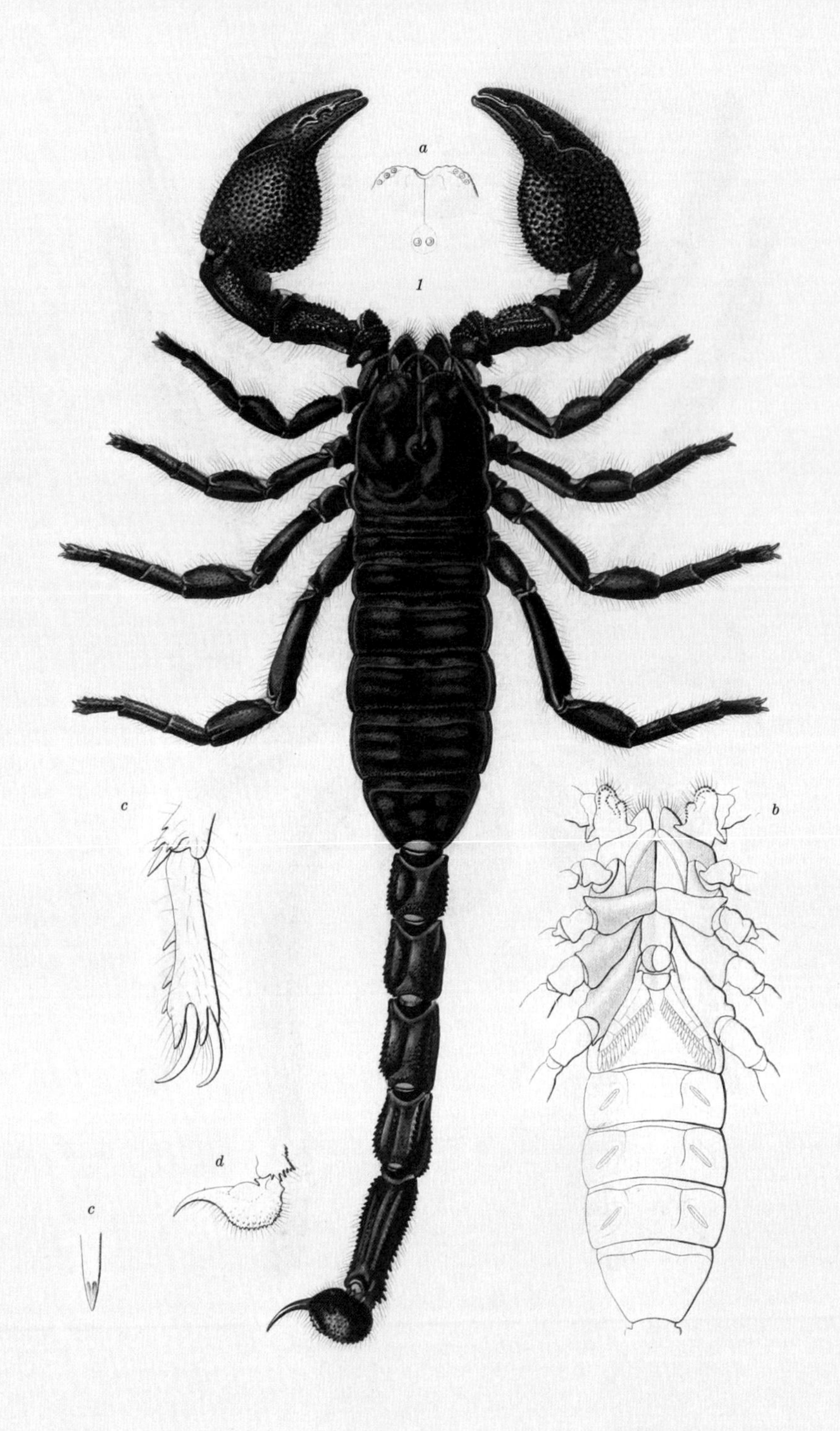

蝎子

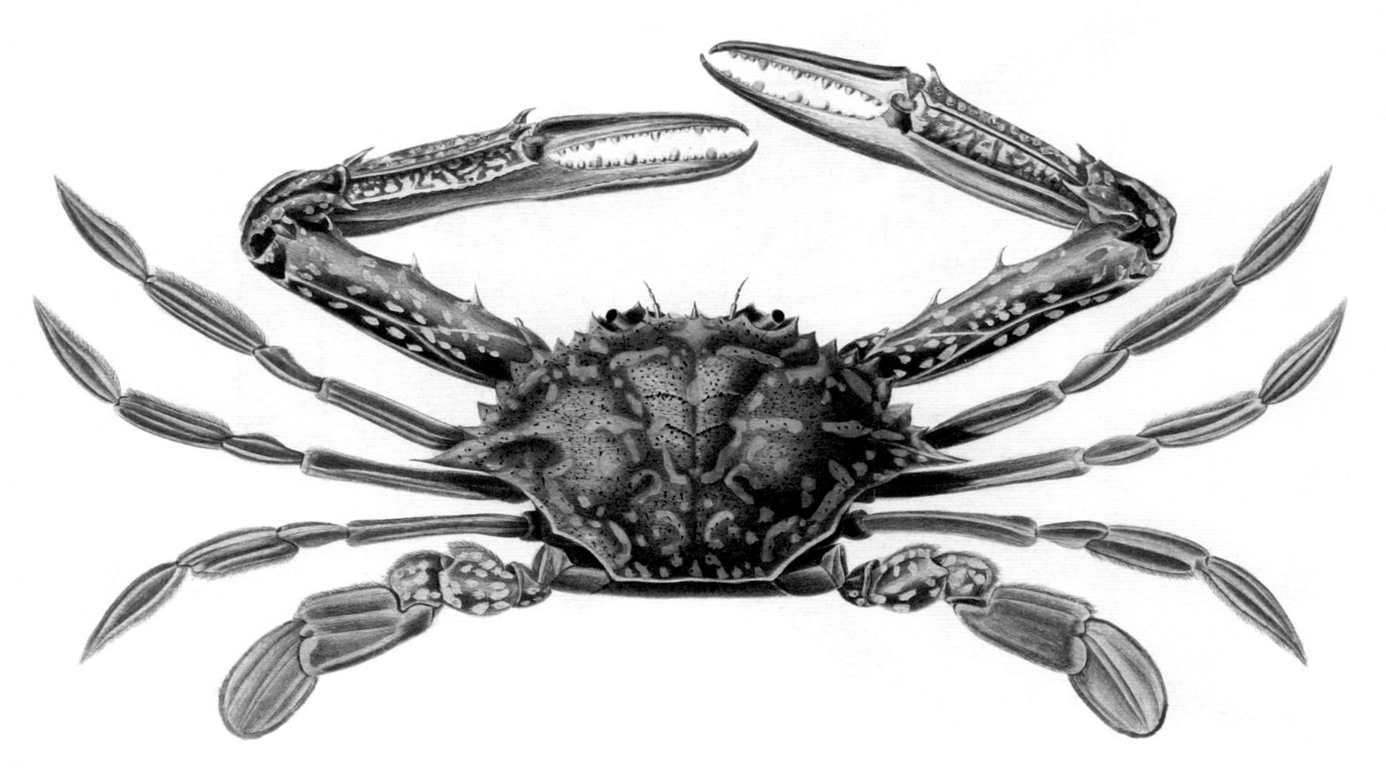

远海梭子蟹

椰子蟹

巨螯虾

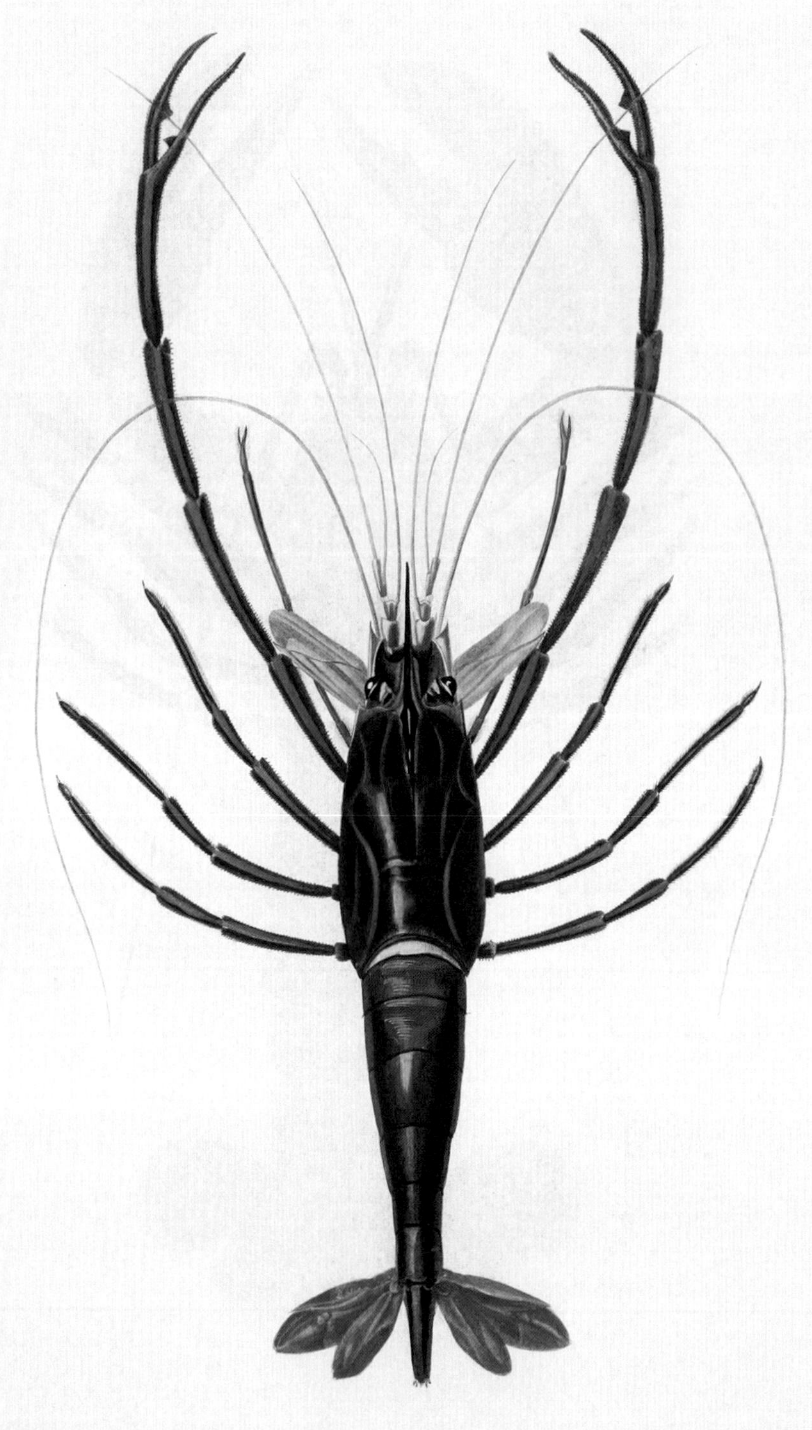

长臂虾

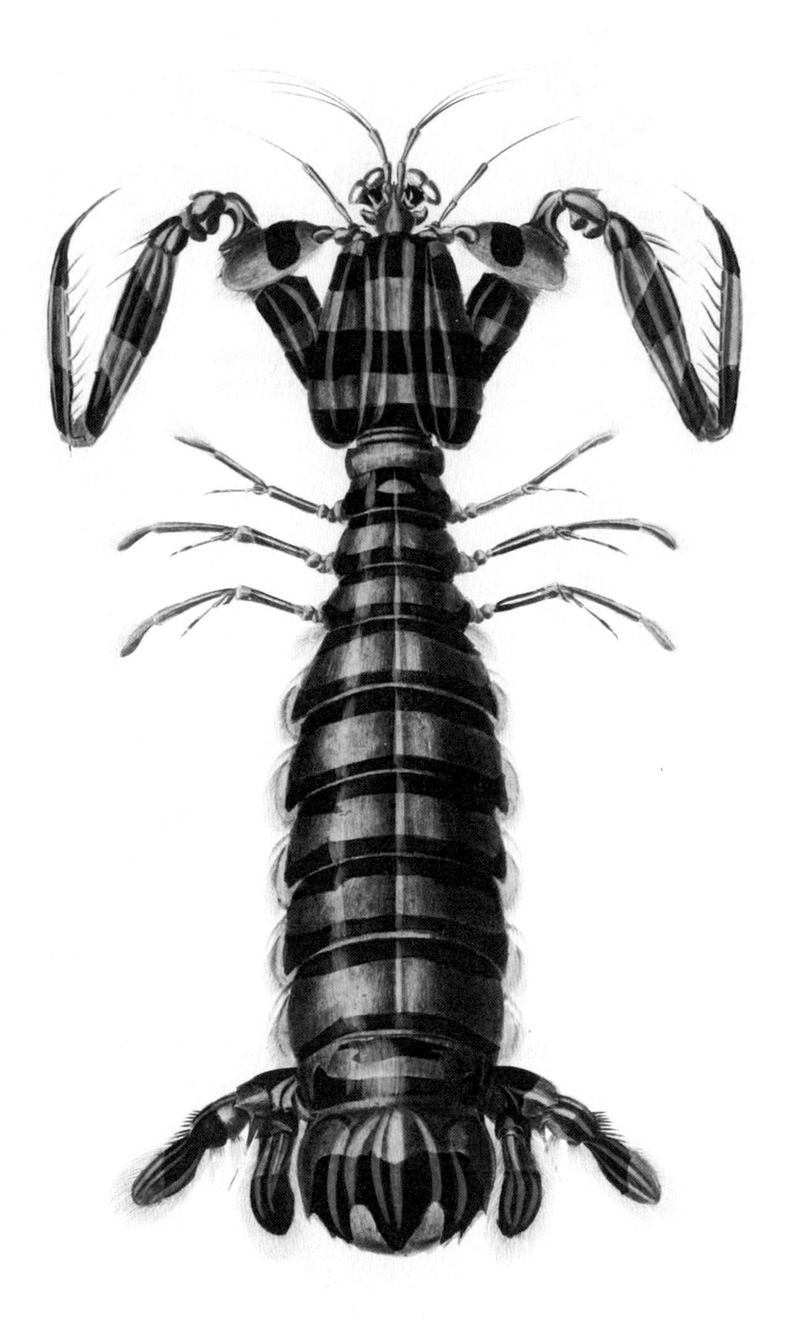

琴虾蛄

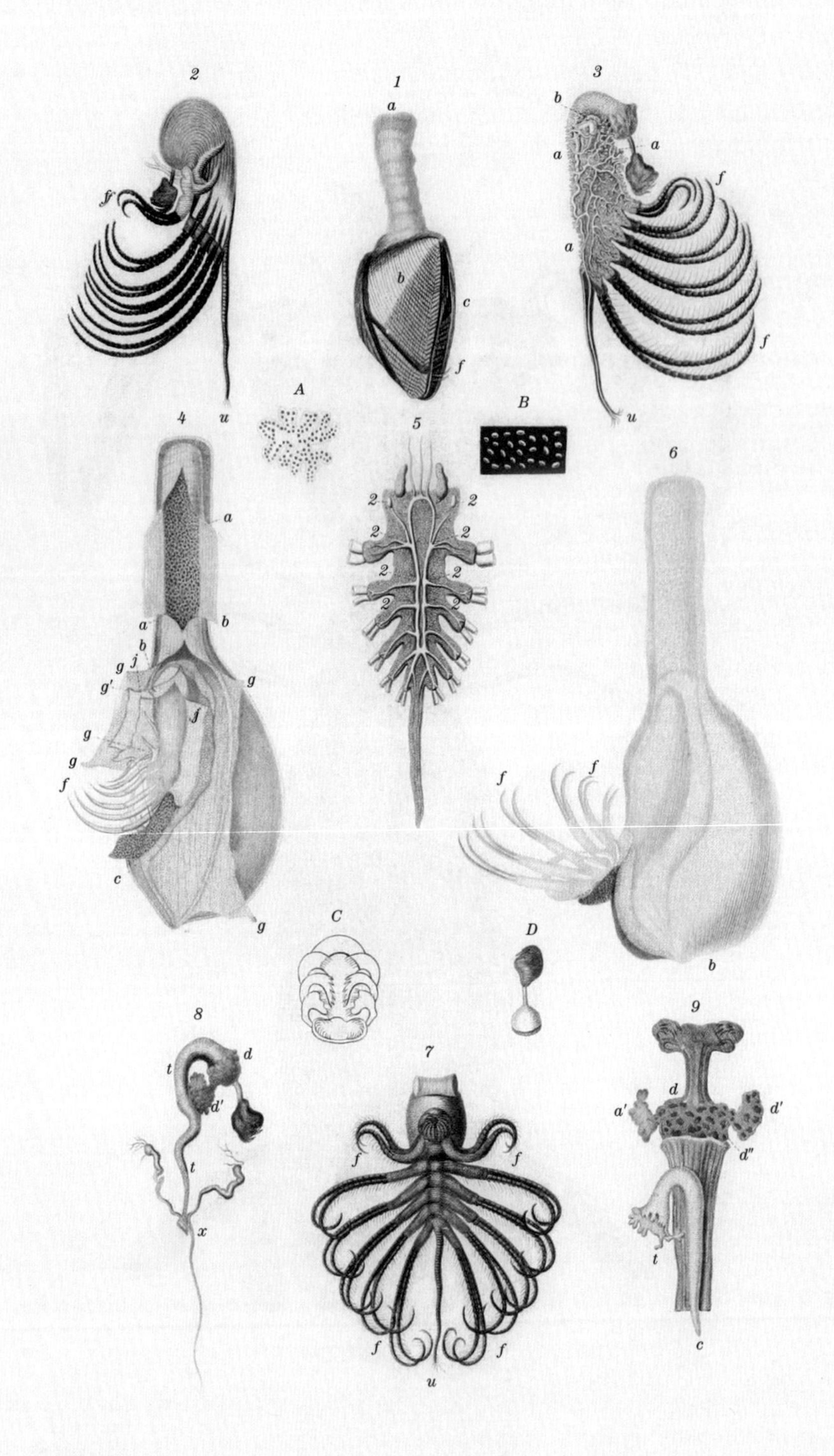
2
1
3
a
b
a
a
f'
b
c
a
f
f
f
u
A
B
u
4
5
6
a
2
2
2
2
2
2
2
2
a
b
b
j
g
g
g'
f
g
g
f
f
f
c
g
C
D
b
8
9
d
t
d'
d
a'
d'
d''
t
7
f
f
x
t
f
f
u
c

大沽凿穴蛤

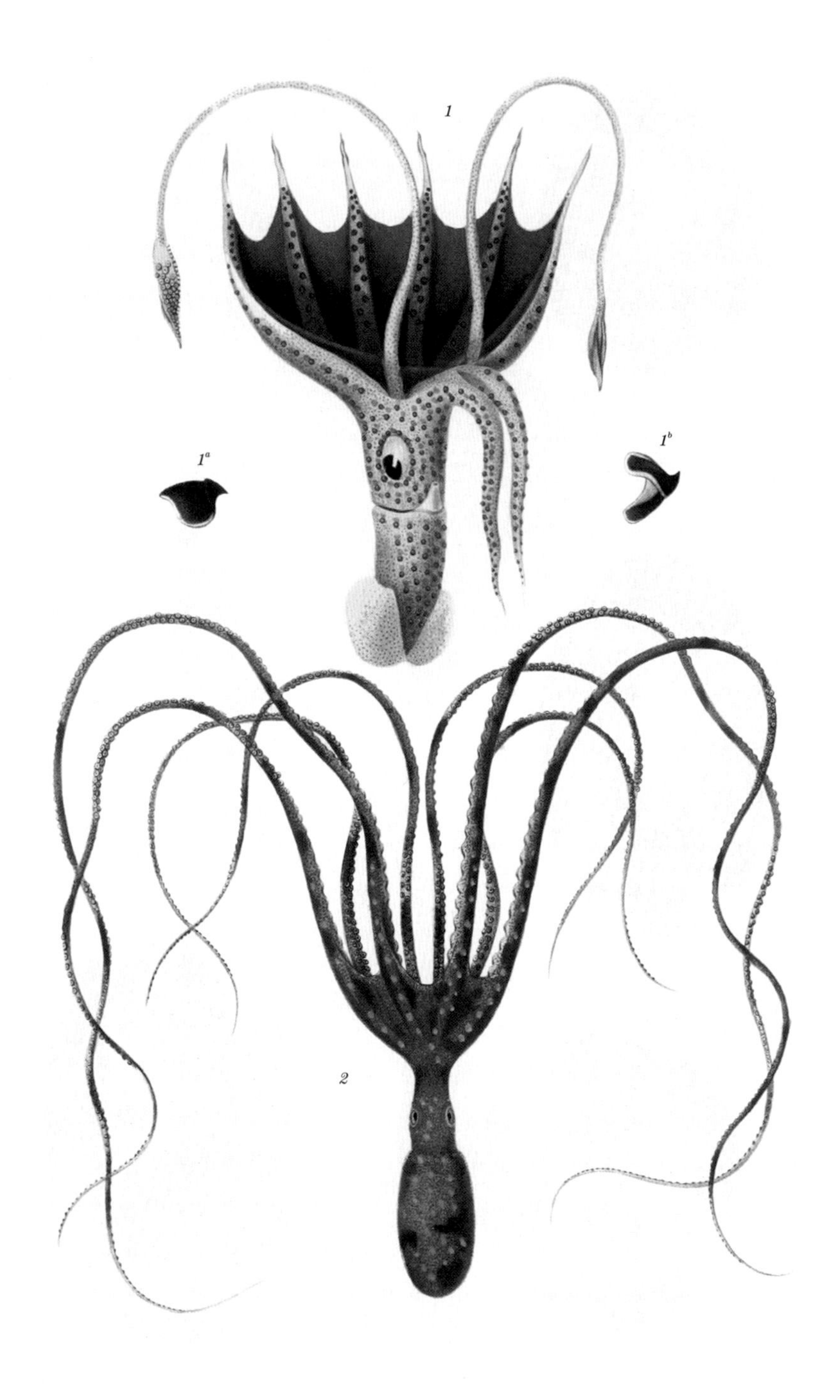

1. 伞膜发光鱿　　　　2. 真蛸

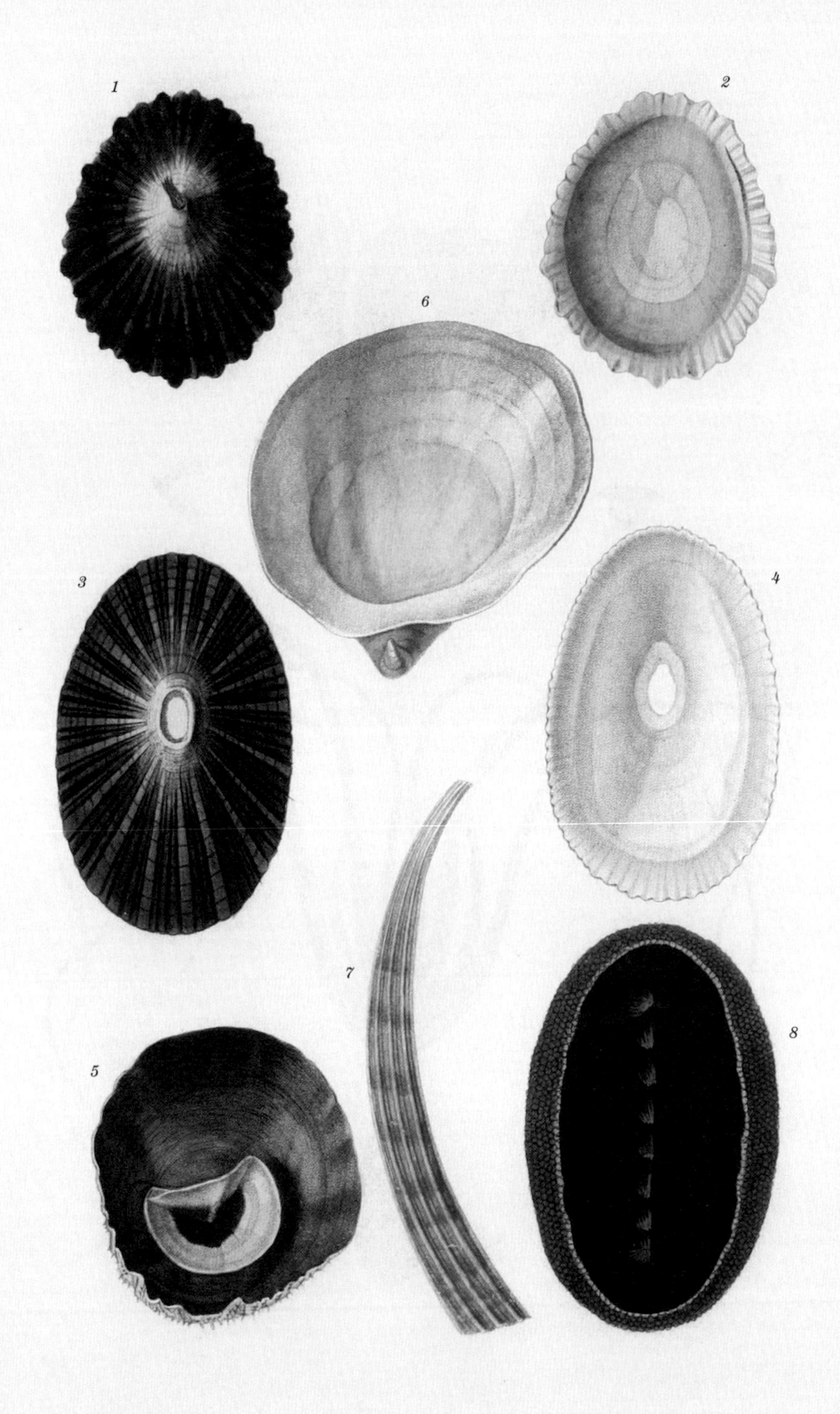

1.2. 普通帽贝　　3.4. *Fissurella nimbosa*　　5. 骑士帆螺
6. *Pileopsis hungarica*　　7. 象牙角贝　　8. 鳞石鳖

1. 蚯蚓蛇螺　2. 延管螺　3.4. 切片梯螺

5. 蝶螺　6.7. 放射鲍

1.2.　瘤拟黑螺　　3.4.　孟加拉色带田螺　　5.6.　捻螺一种

7.8.　斑点小塔螺　　9.10.　装饰海蜗牛

1. 海兔　　2.3. 窦螺一种　　4.5. 灰色玉螺

6.7.8. 翘枣螺　　9. 伞螺一种

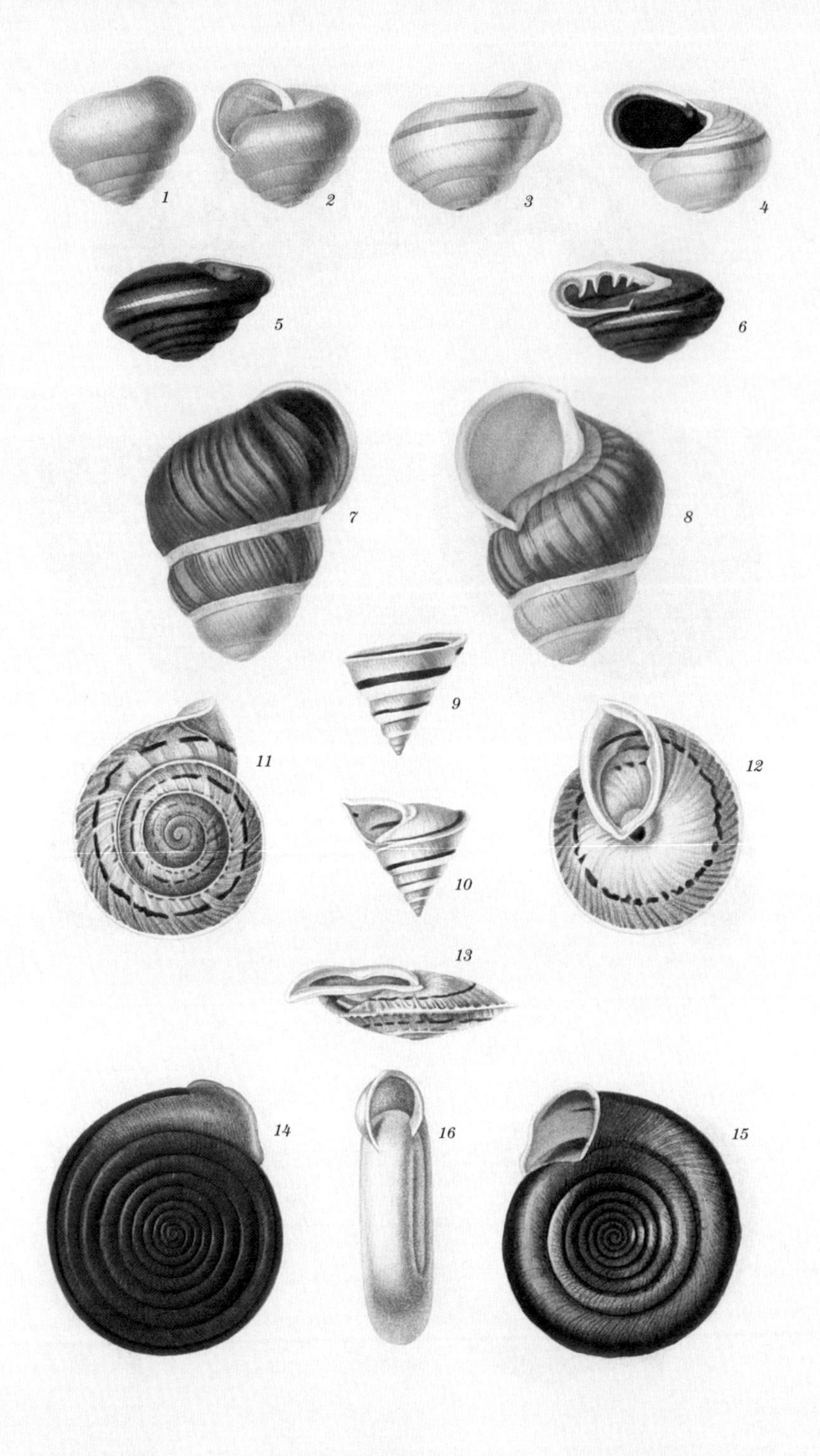

1.2. 葱头袋螺　3.4. 条纹糙螺　5.6. 弯肋齿螺
7.8. 彩旋柱螺　9.10. 双带尖角螺　11.12.13. 李斯特扁球螺
14.15.16. 多圈螺

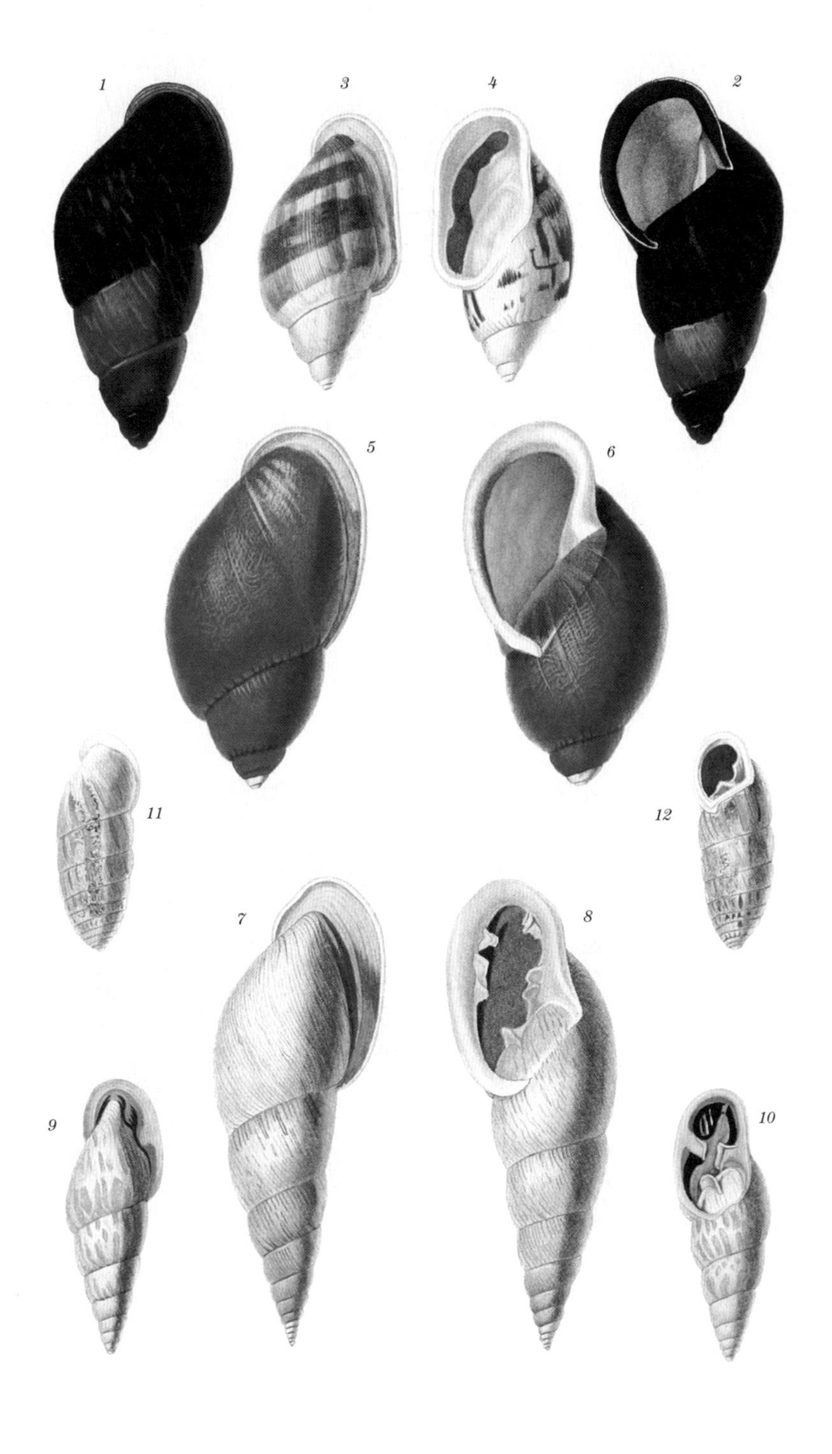

1.2. 民都洛蛹形螺　　3.4. 痕耳口螺　　5.6. 耻扭唇螺

7.8. 庞氏布灵顿螺　　9.10. 大布灵顿螺　　11.12. 蛹蛹角螺

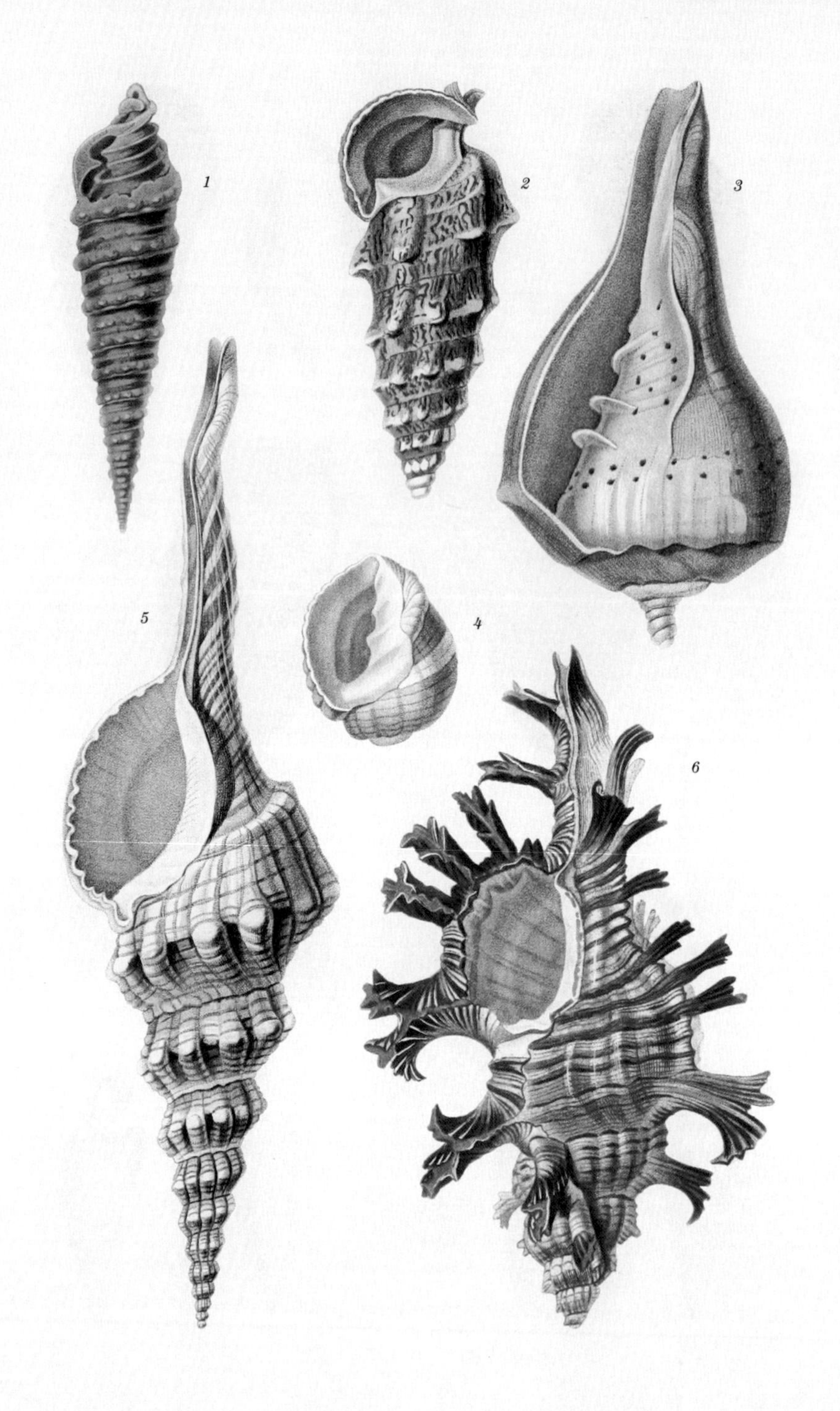

1. *Nerinaea nodosa*　2. 鸮蟹守螺　3. 印度铅螺
4. 衲螺一种　5. *Fusus longirostris*　6. 掌状骨螺

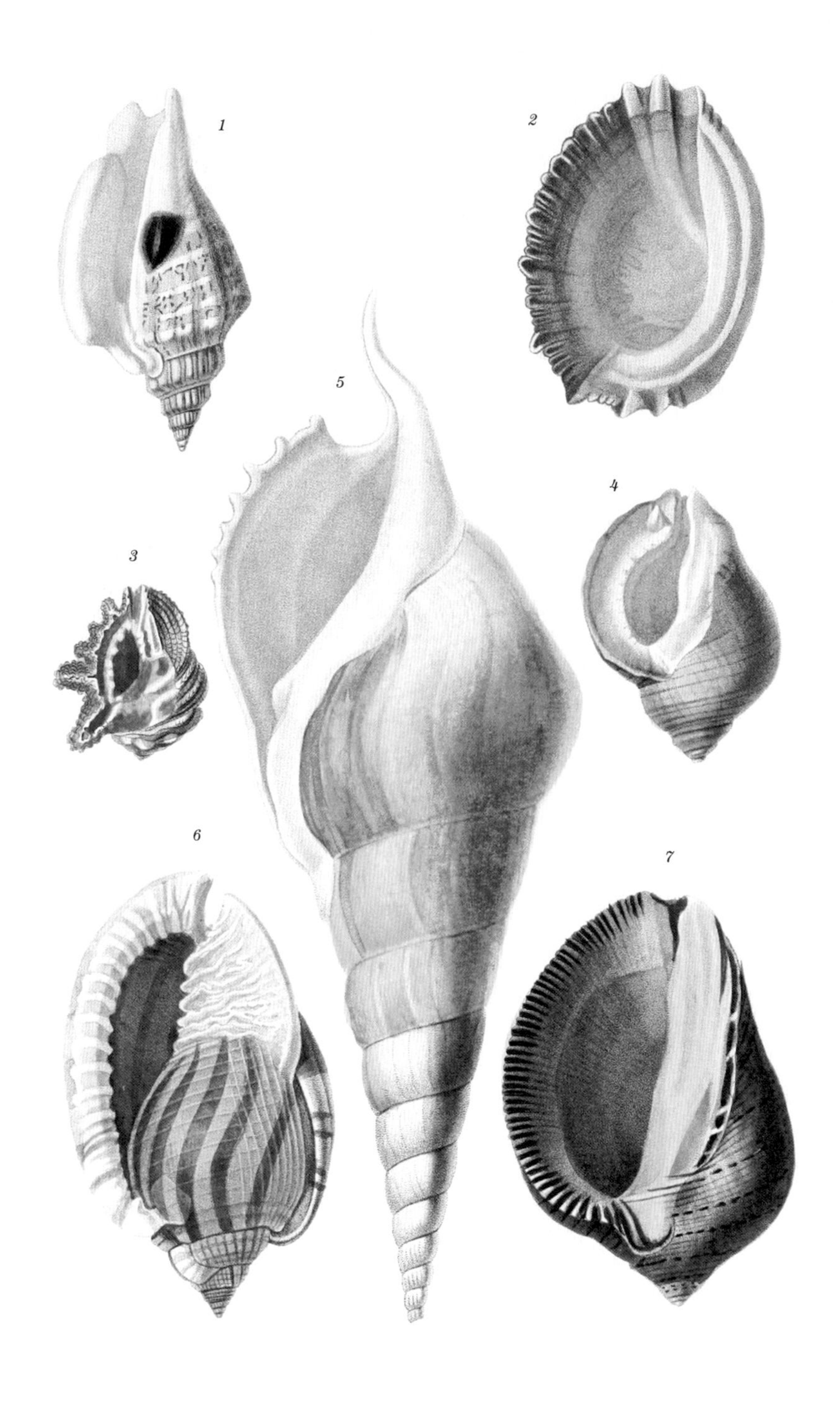

1. 可变凤螺　2. *Concholepas peruvianus*　3. 刺核果螺
4. *Monoceros crassilabrum*　5. 阿拉伯长鼻螺　6. 冠螺一种
7. 桃紫螺

1. *Colombella major*　2.3. 蟹螯织纹螺　4. *Vouta undulata*
5. 斑马笋螺　6. 堂皇芋螺　7. 红海竖琴螺
8. 黑口蛾螺

1. *Ancillaria marginata*　　2.3. 缘螺一种　　4. 缘螺一种

5. 笔螺一种　　6. 飞弹螺　　7.8. 卵梭螺一种

9. 秘鲁榧螺　　10. *Cyproea scurra*

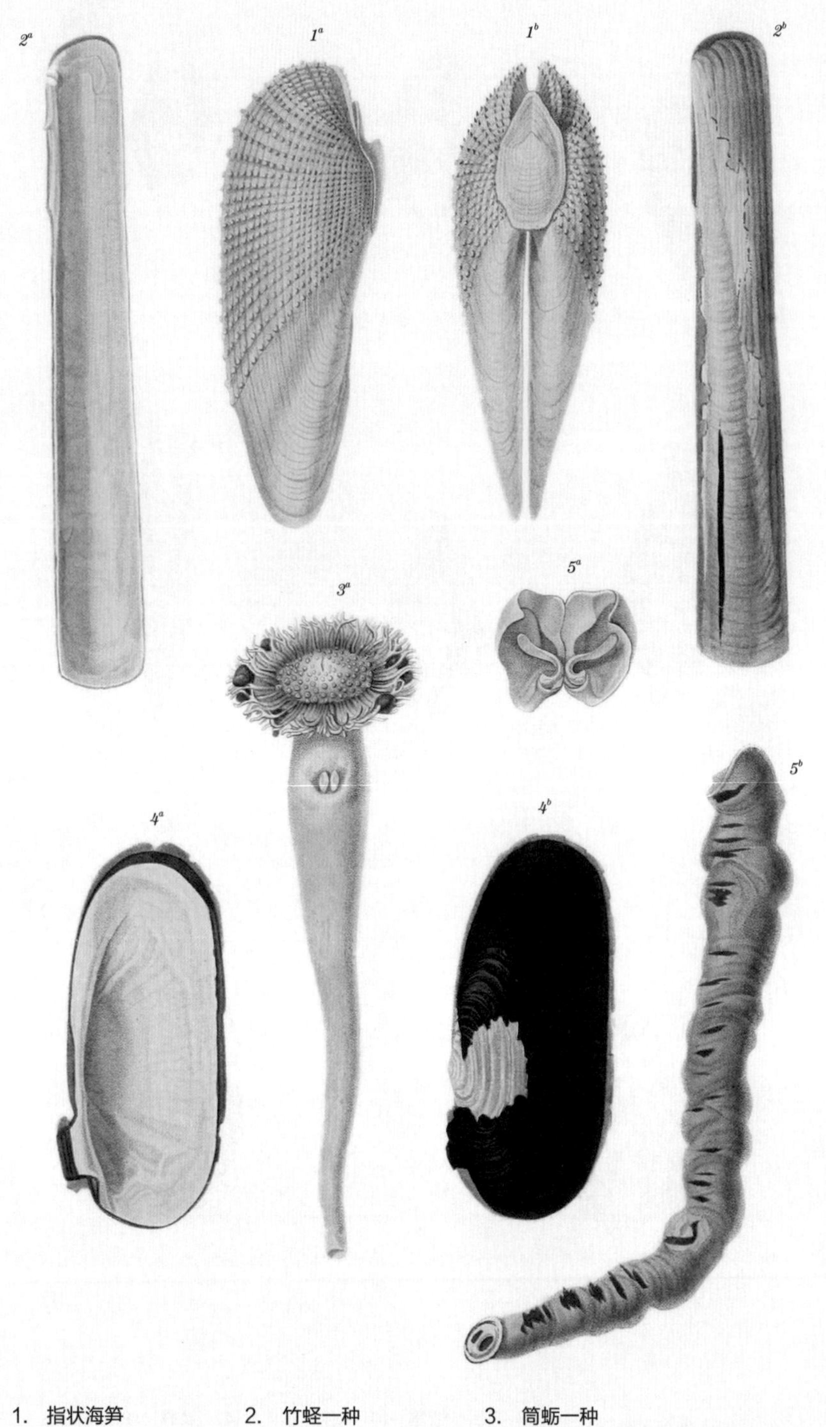

1. 指状海笋　　2. 竹蛏一种　　3. 筒蛎一种

4. 蛄蛃一种　　5. 船蛆

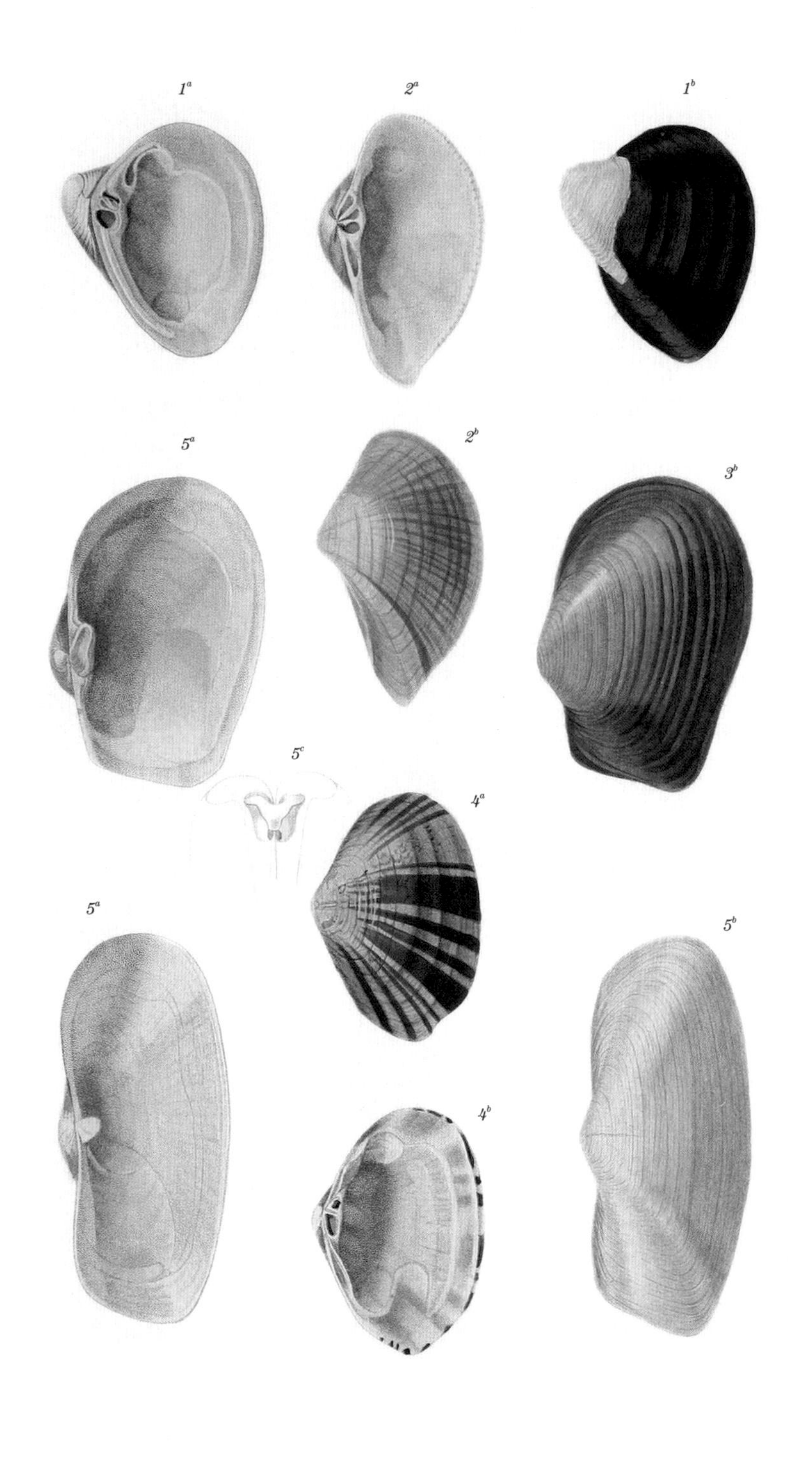

1. *Gnathodon cuneatum* 2. 厚壳蛤一种 3. 截海螂
4. 斑点蛤蜊 5. 截形鸭嘴蛤

1.2. *Galathea radiata*　　3.4. *Cyrena cordiformis*

5.6. 北极蛤　　7.8.9. *Cyclas rivicola*

1.2. 乌蛤一种	3.4. *Etheria plumbea*
5.6. 鳞砗磲	7.8. 猿头蛤一种

1.2. 鳞锉蛤　　3.4. 海菊蛤一种

5. 牡蛎一种　　6.7. 扇贝一种

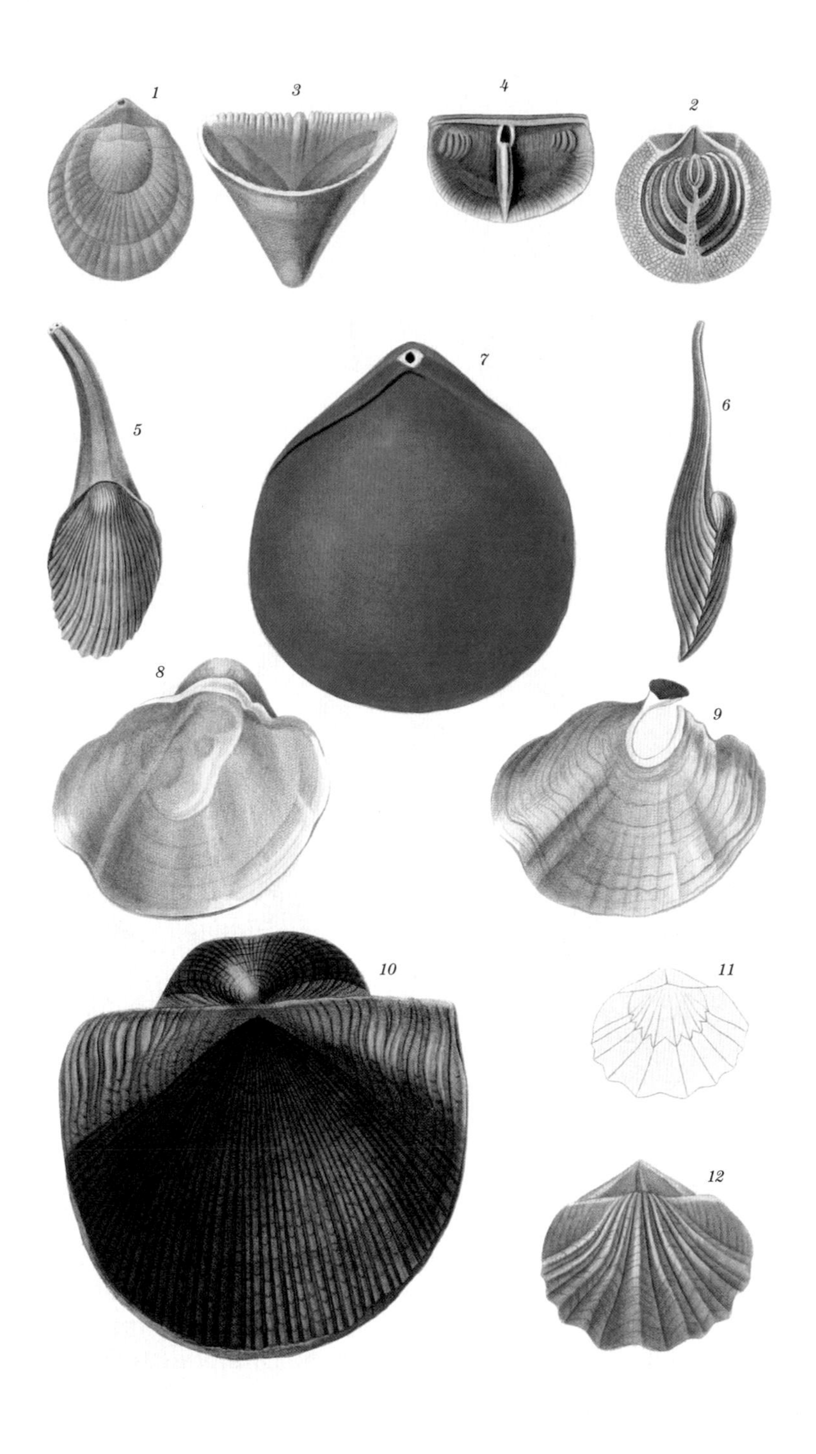

1.2. *Thecidea radians*　3.4. *Caleeola sandalina*　5.6. 钻孔贝一种
7. 钻孔贝一种　8.9. 欧洲不等蛤　10. *Productus autiquatus*
11.12. 钻孔贝一种

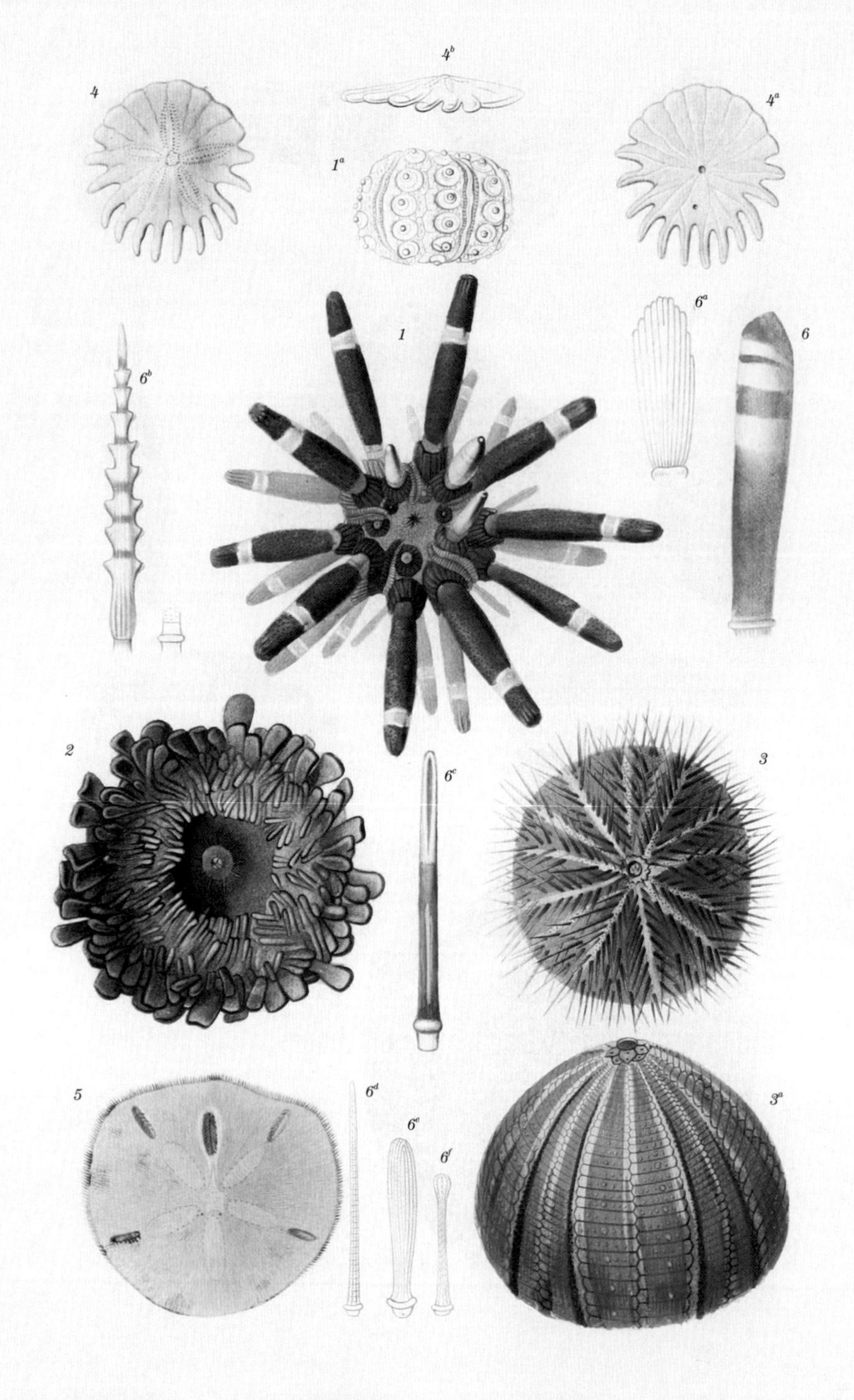

1. 壮丽叶棘头帕　　2. 黑阵笠海胆　　3. 食用正海胆
4. 秋阳海胆　　5. 五孔密饼海胆

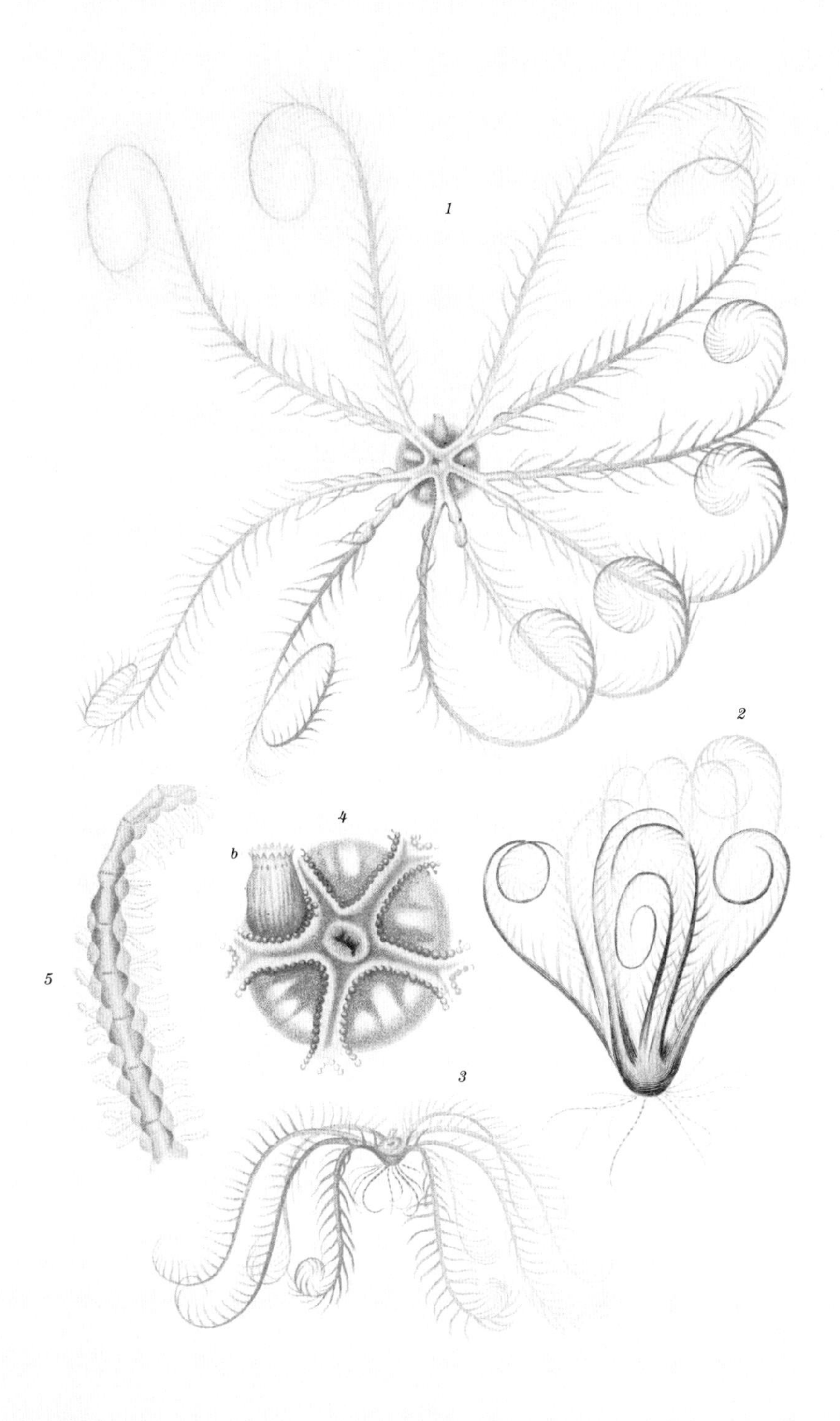

地中海海羊齿

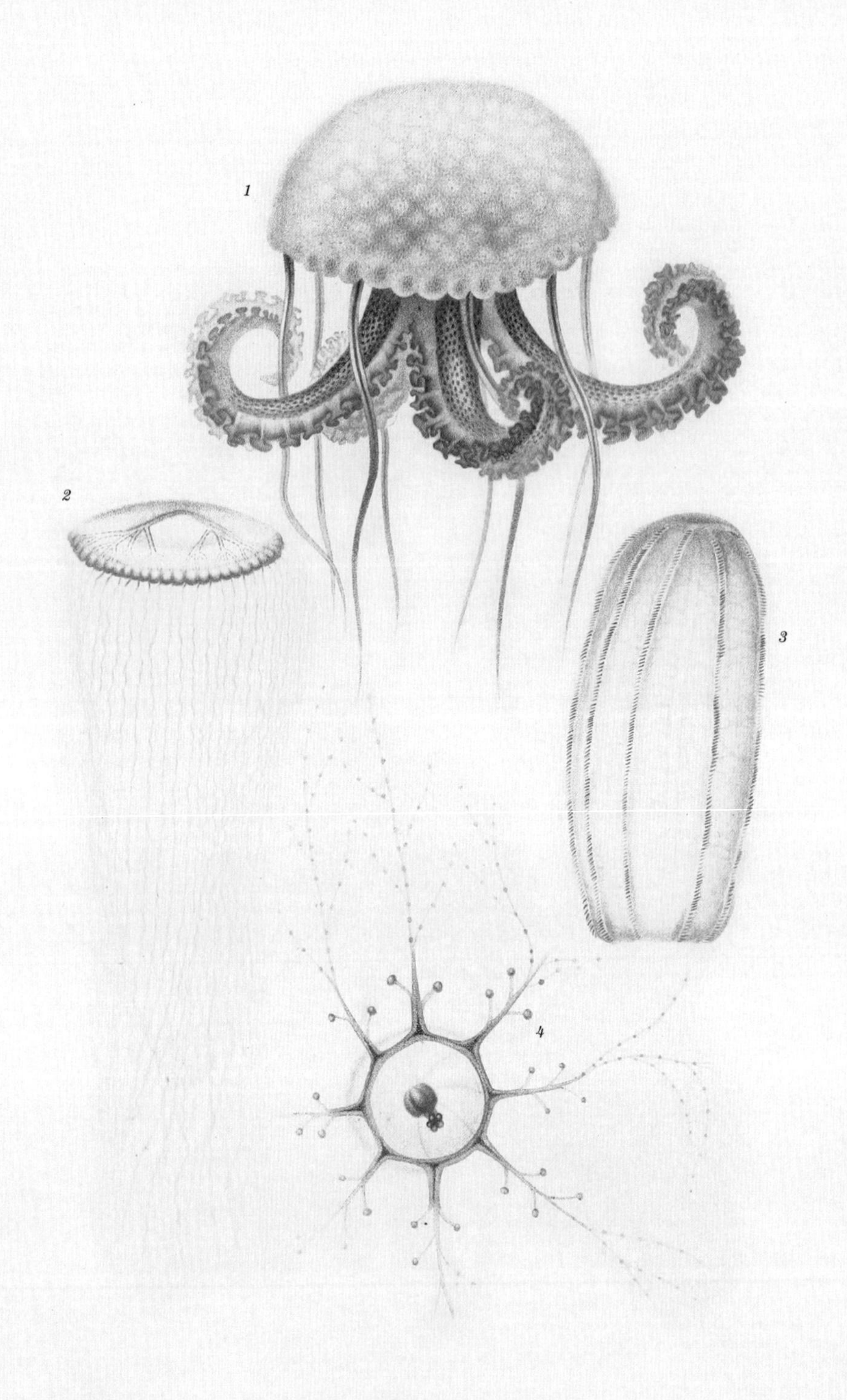

1. 夜光游水母　　2. *Berenive rosea*

3. 爪水母一种　　4. 辐枝手水母

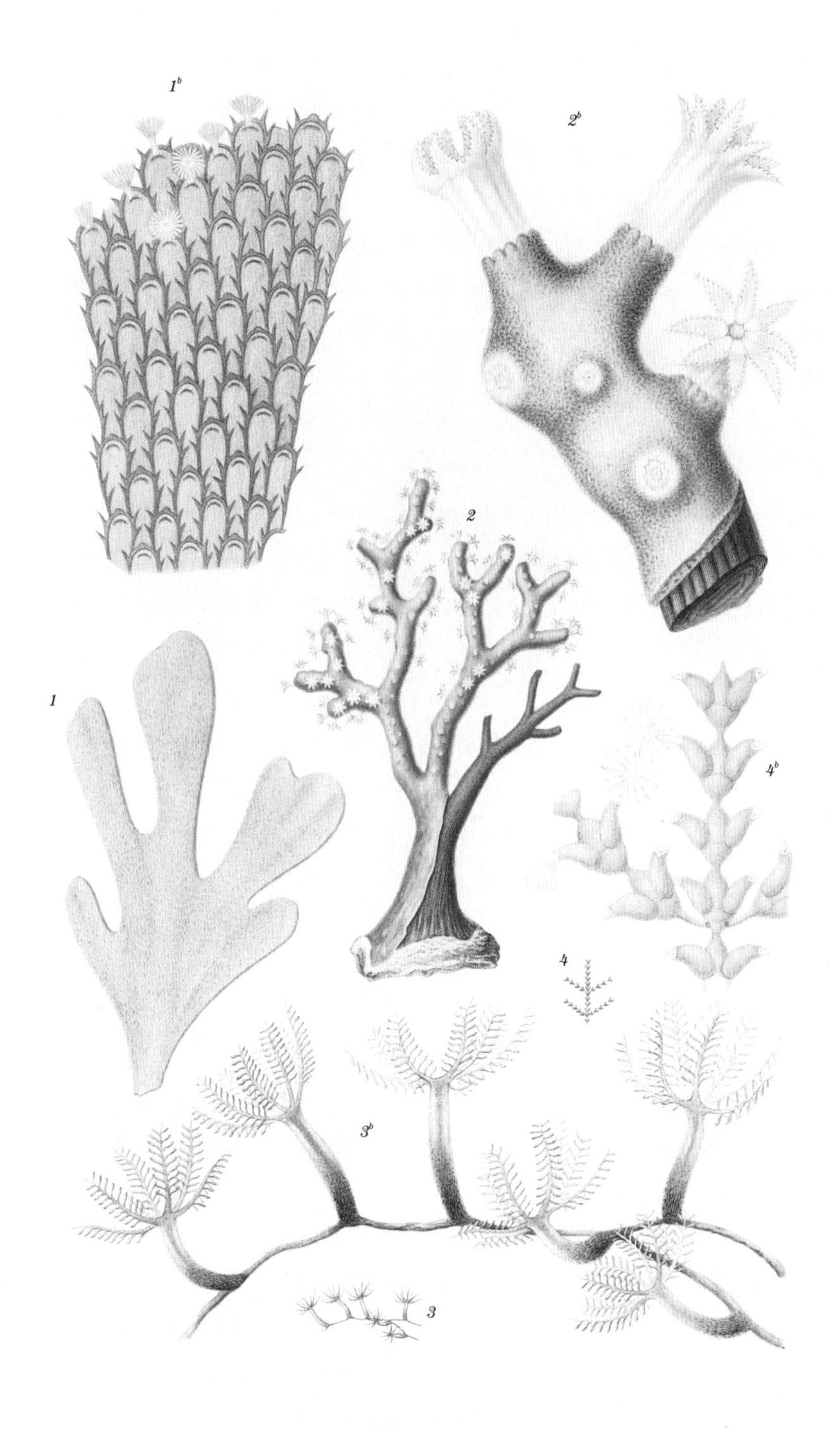

1. 多叶藻苔虫　　2. 红珊瑚

3. *Cornuluria elegans*　　4. 桧叶虫一种

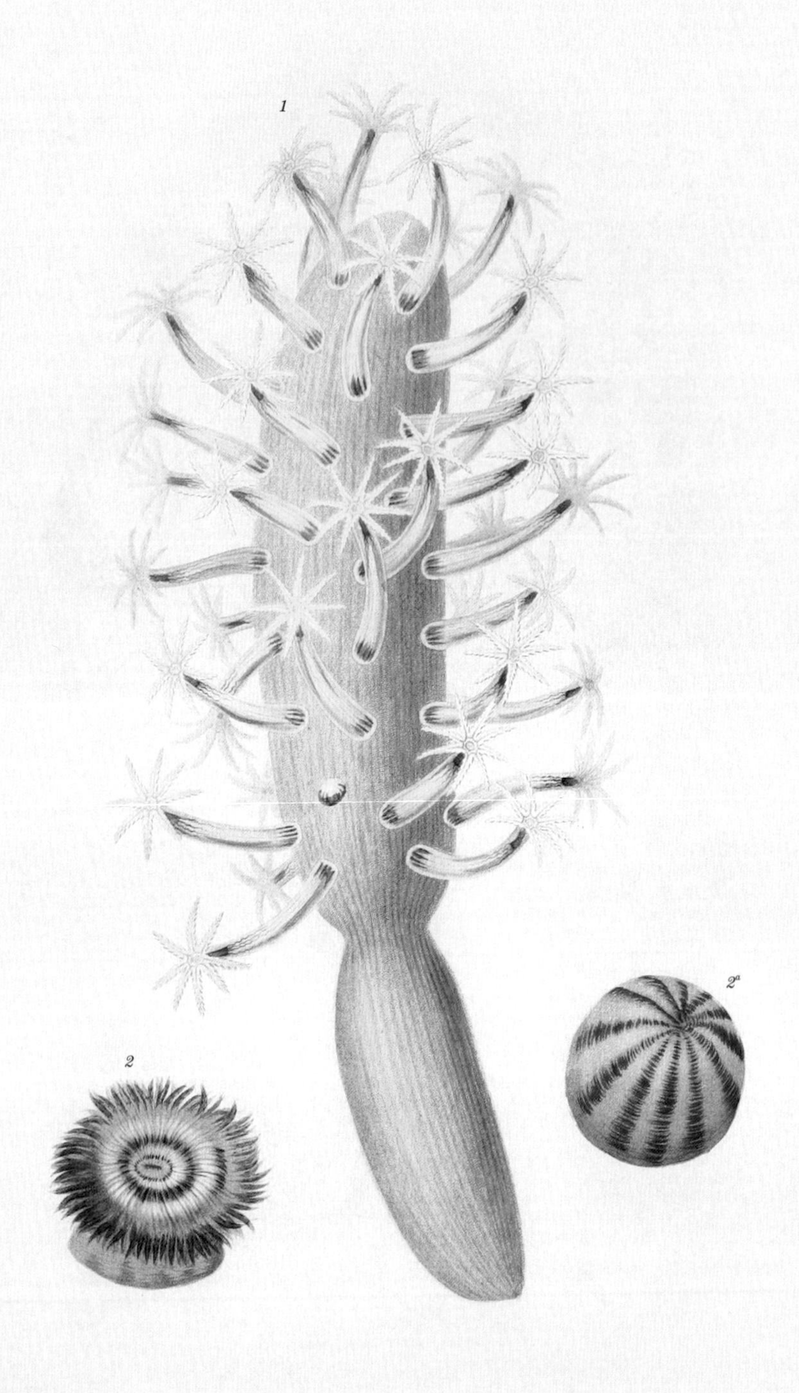

1. 棒海螺一种　　　　2. 海葵

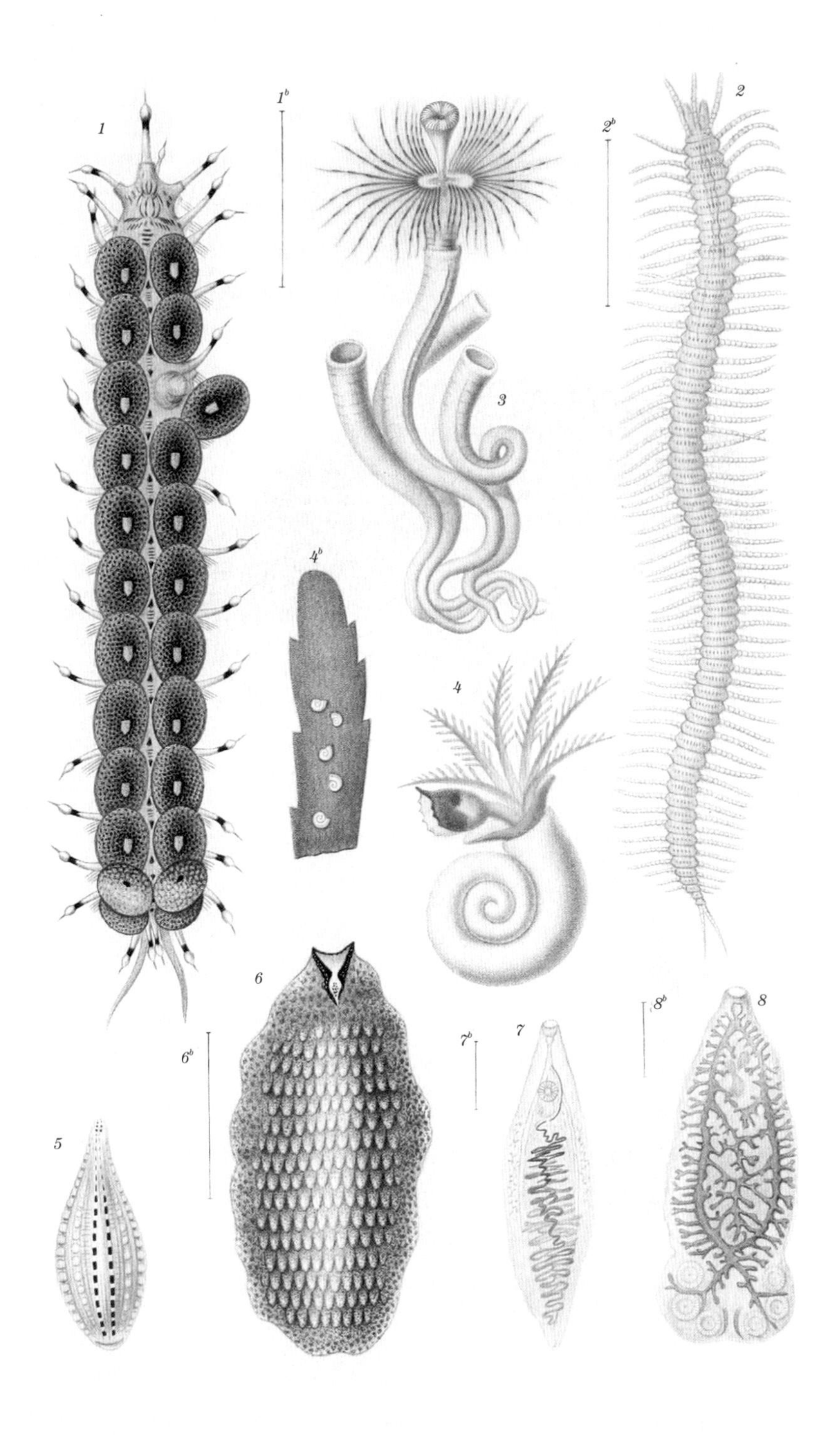

1. *Eumolpe picta*
2. 沙蚕
3. 海筒螅
4. *Spirorbis nantiloides*
5. *Clepsine sexoculata*
6. *Eolidiceros brocchii*
7. 牛首吸虫一种
8. 完善多盘虫

美味牛肝菌

点柄粘盖牛肝菌

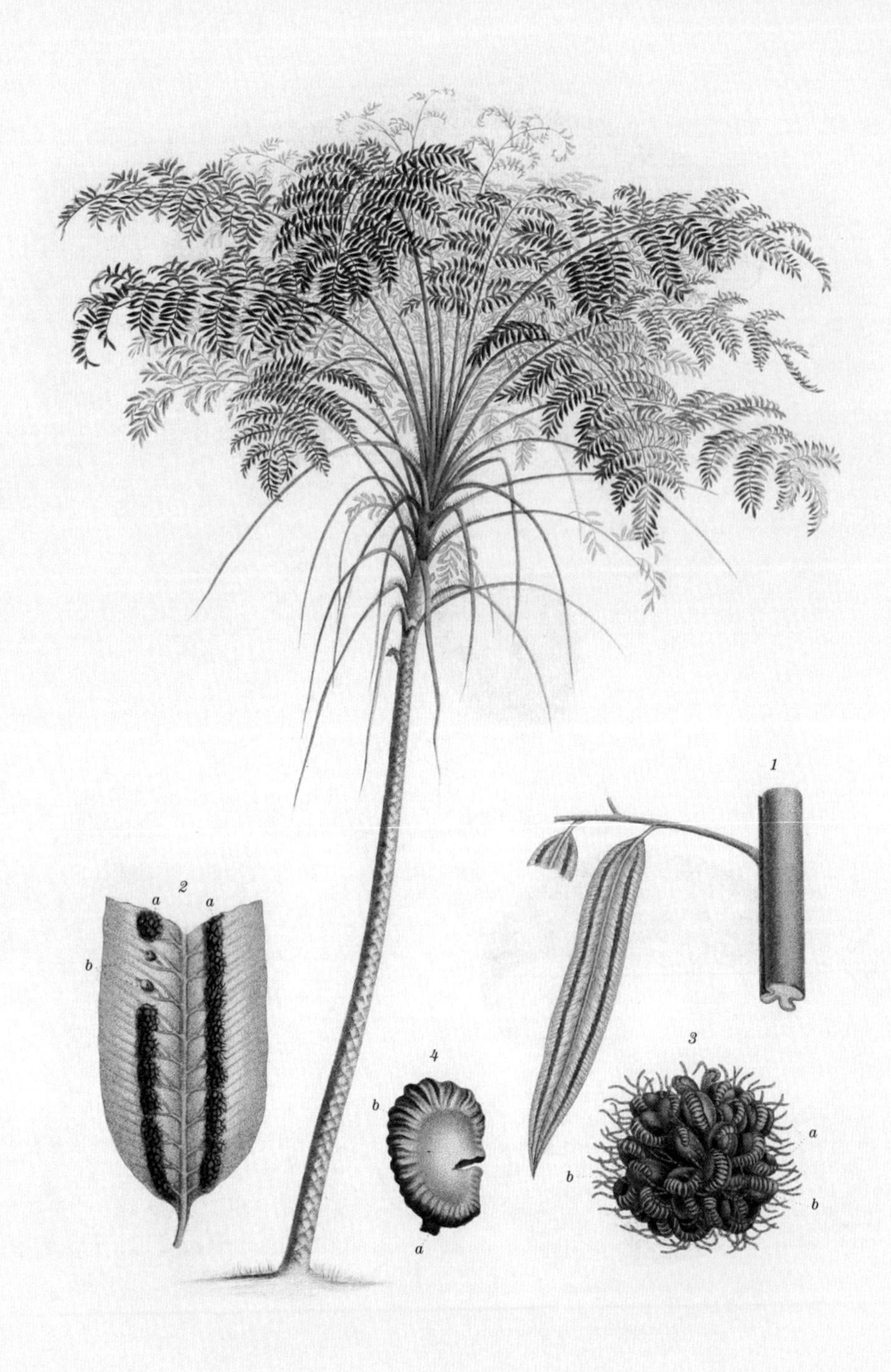

树蕨

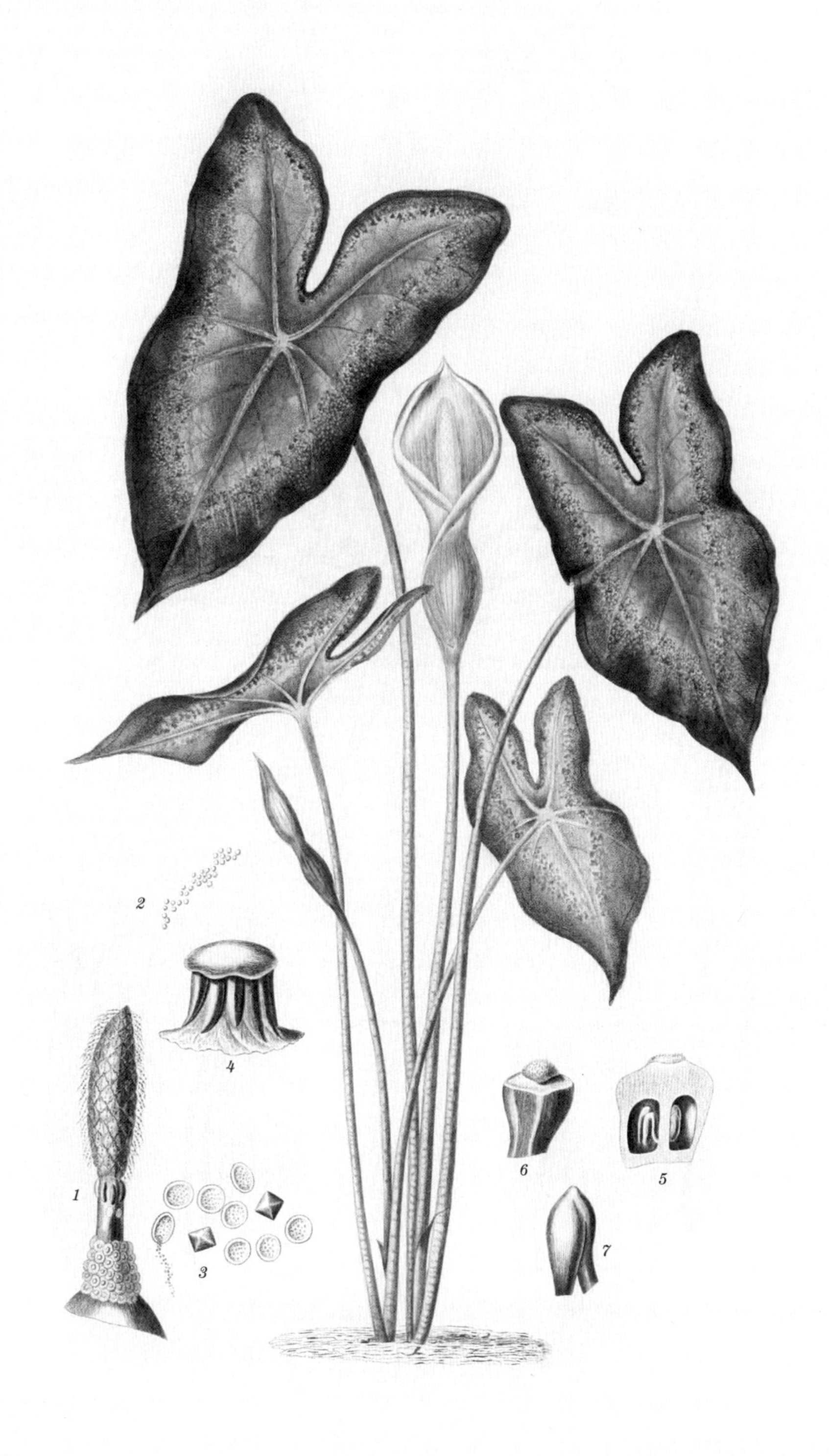

五彩芋

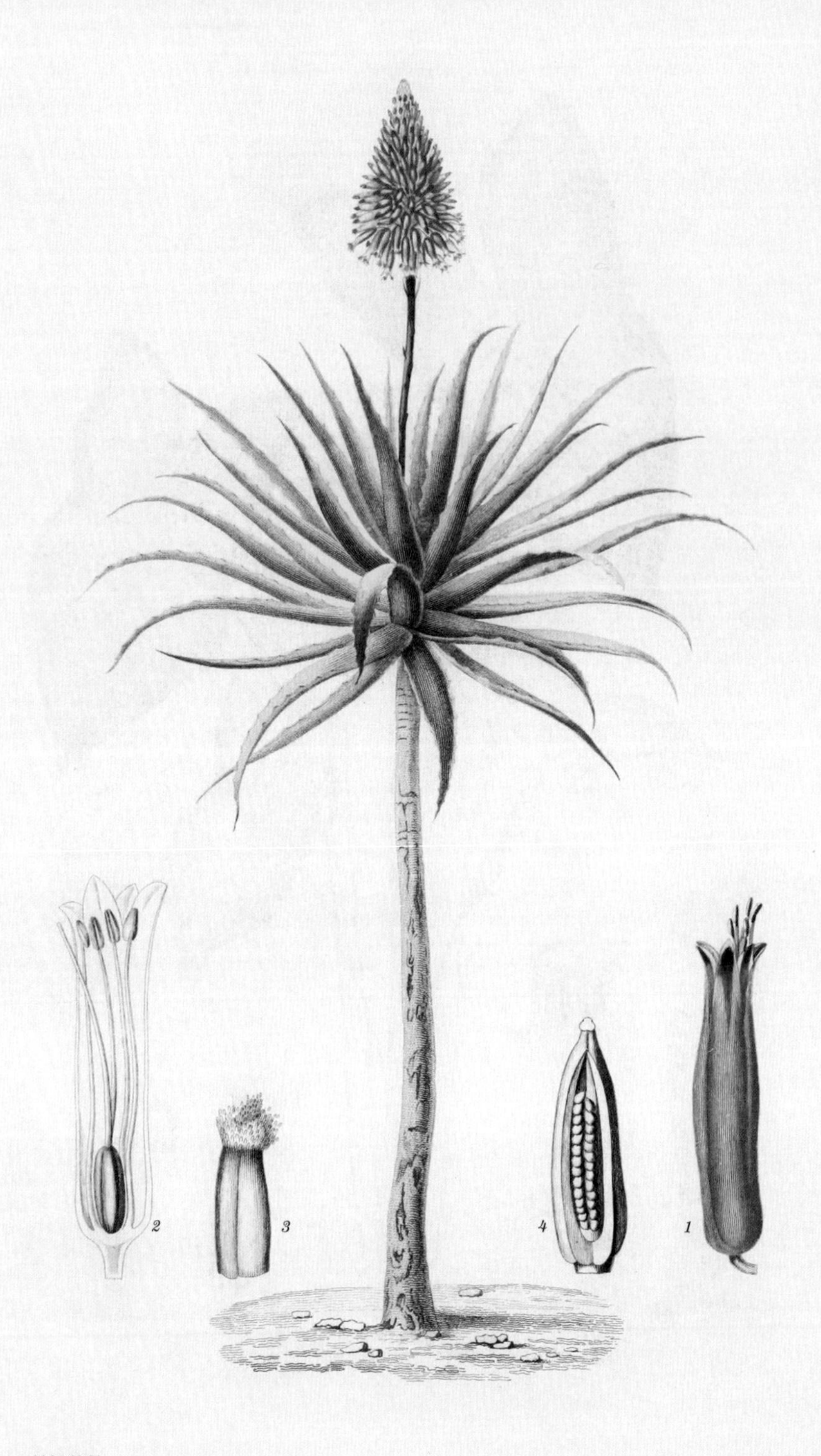

单杆芦荟

郁金香

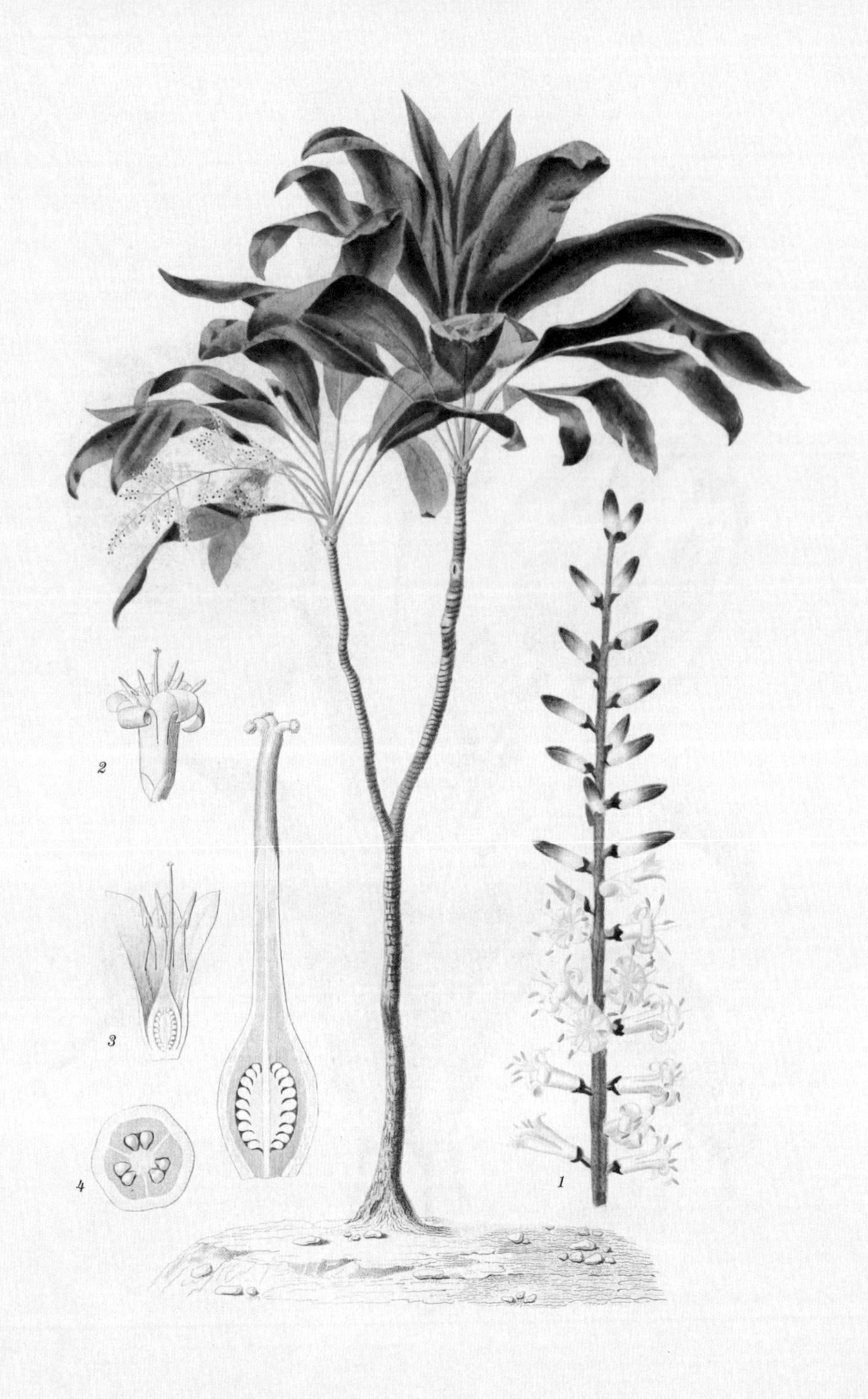

朱蕉

光亮叶萼荷

香蕉

鹤望兰

雅致美人蕉

艳山姜

蕾丽亚兰

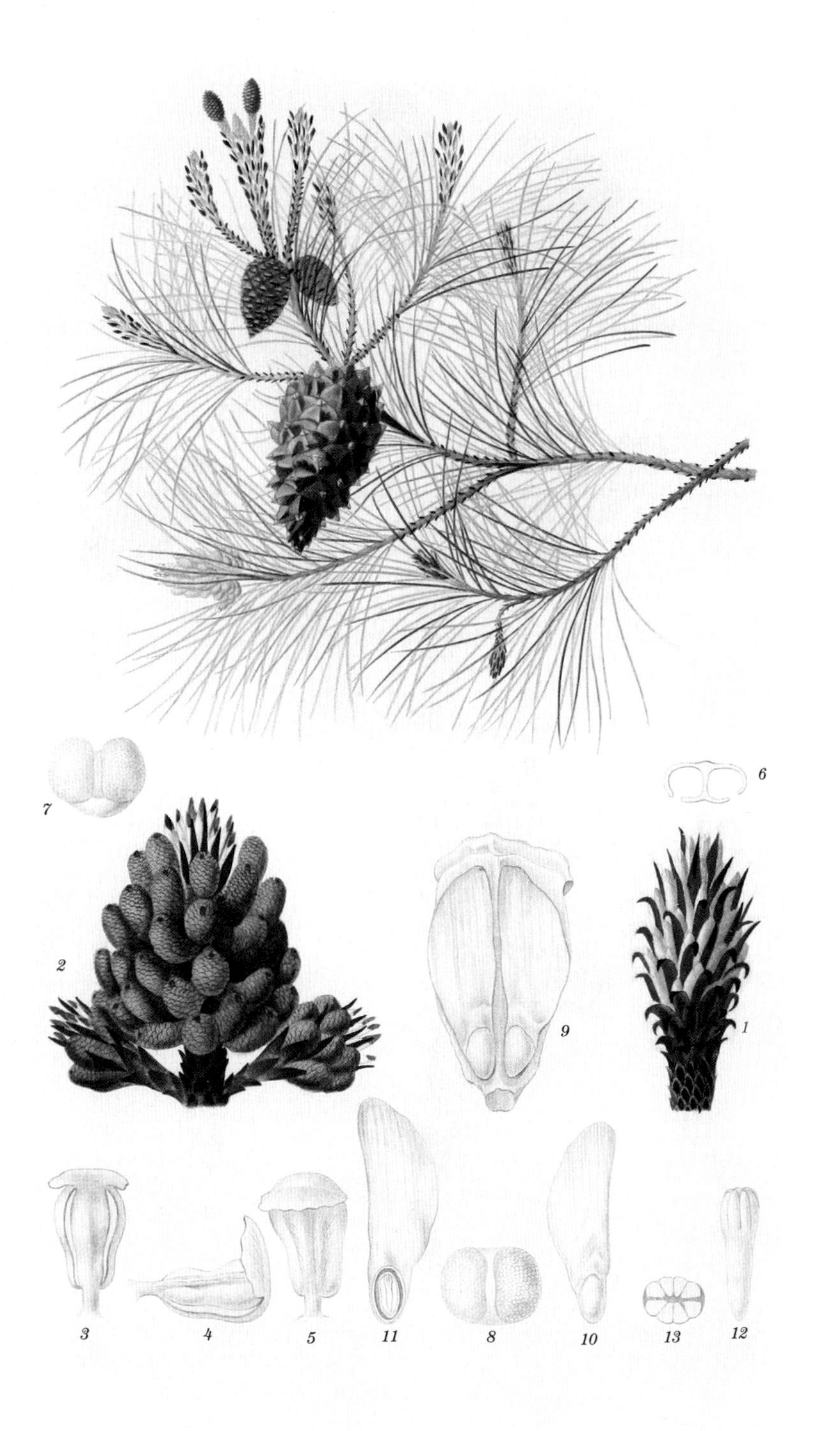

海岸松

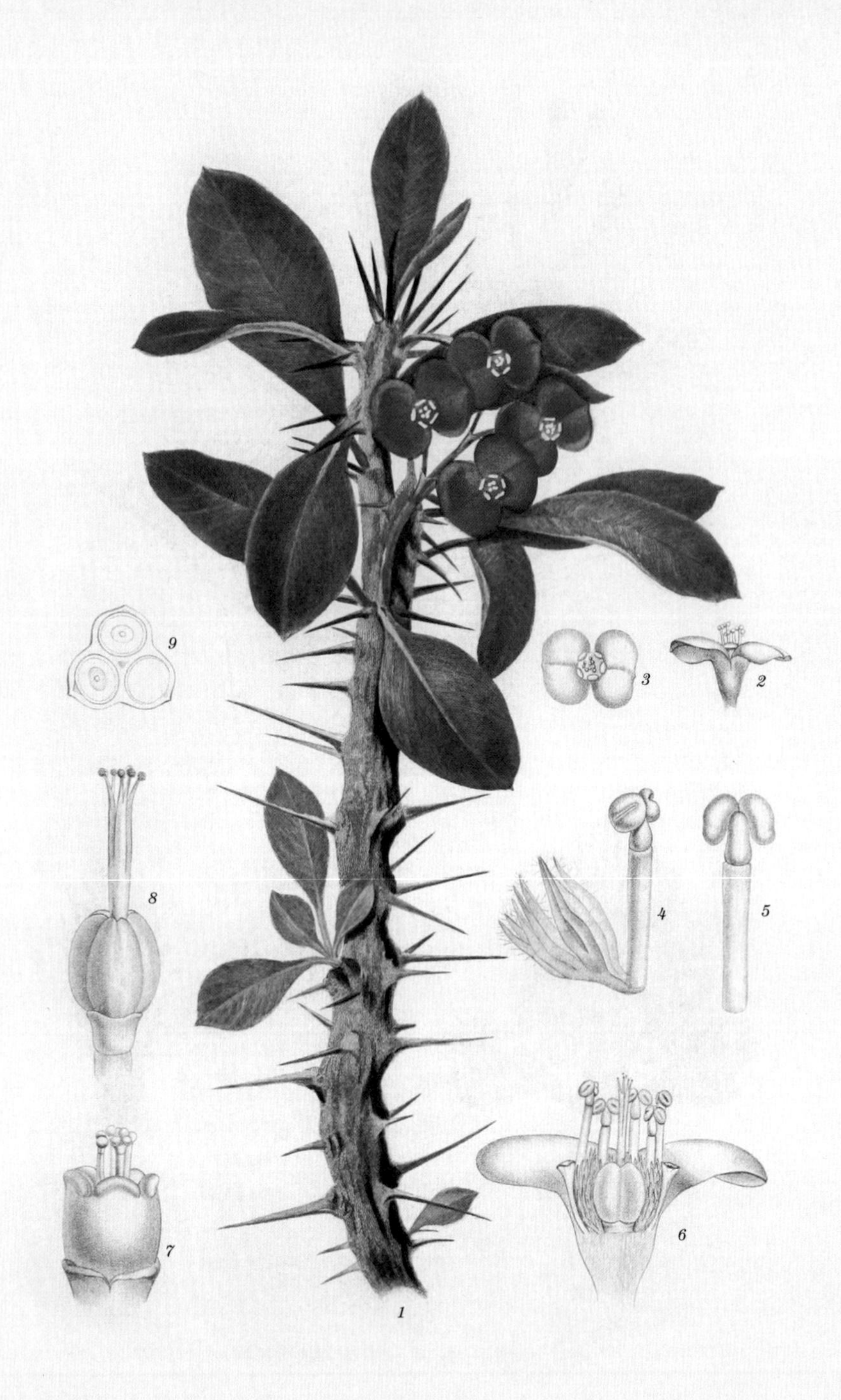

铁海棠

肉红秋海棠

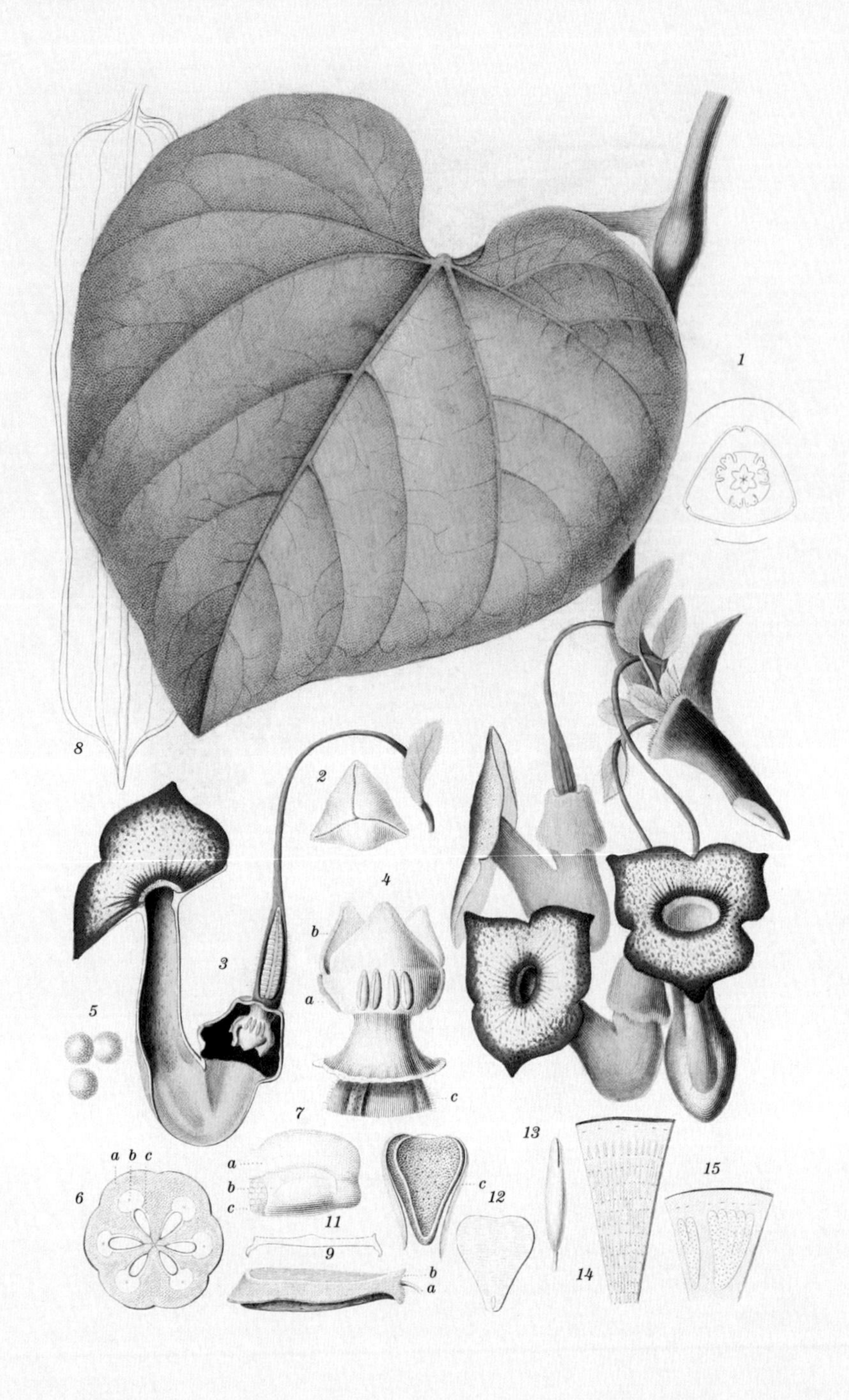

欧洲马兜铃

落葵

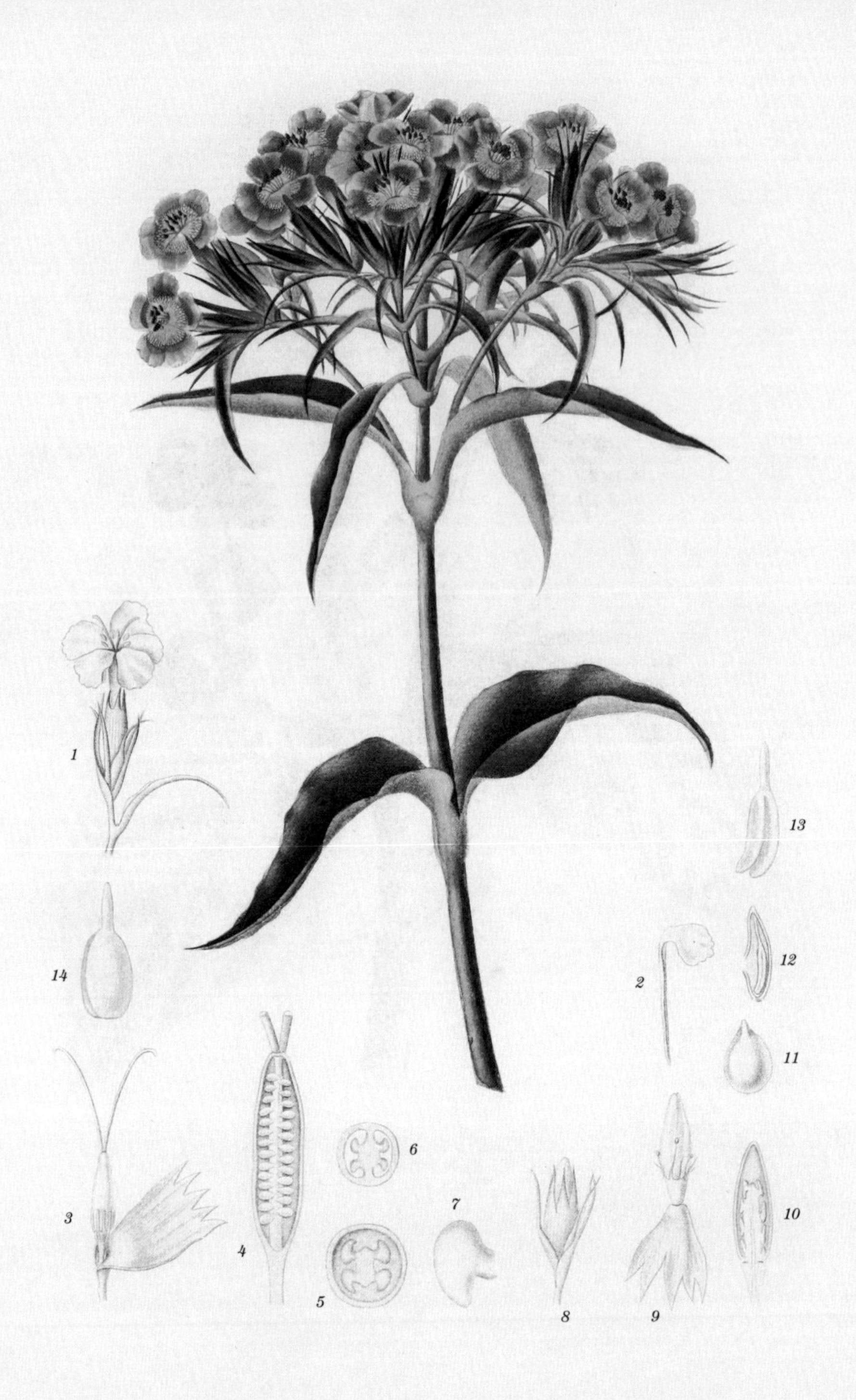

须苞石竹

香石竹

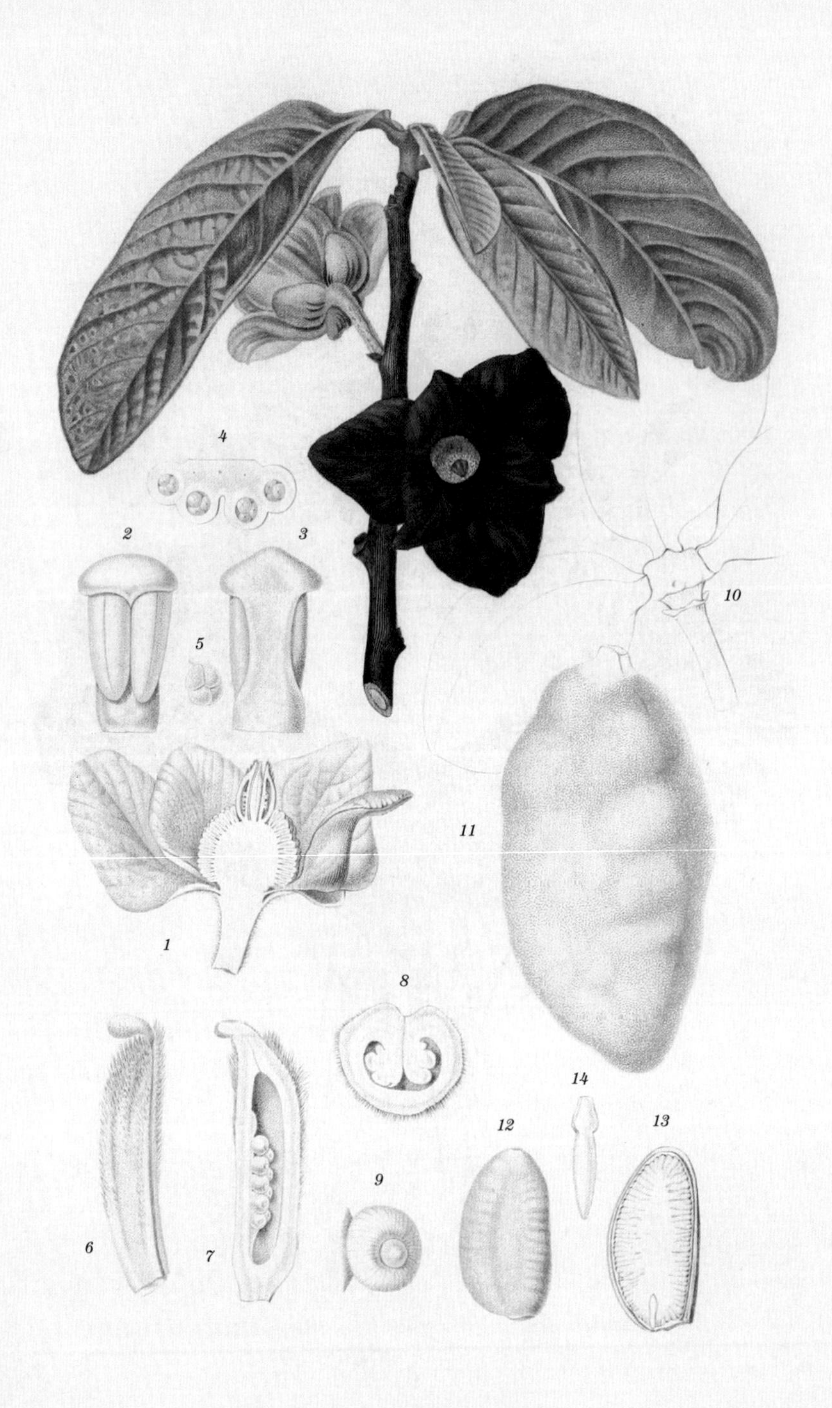

泡泡果

黄花亚麻

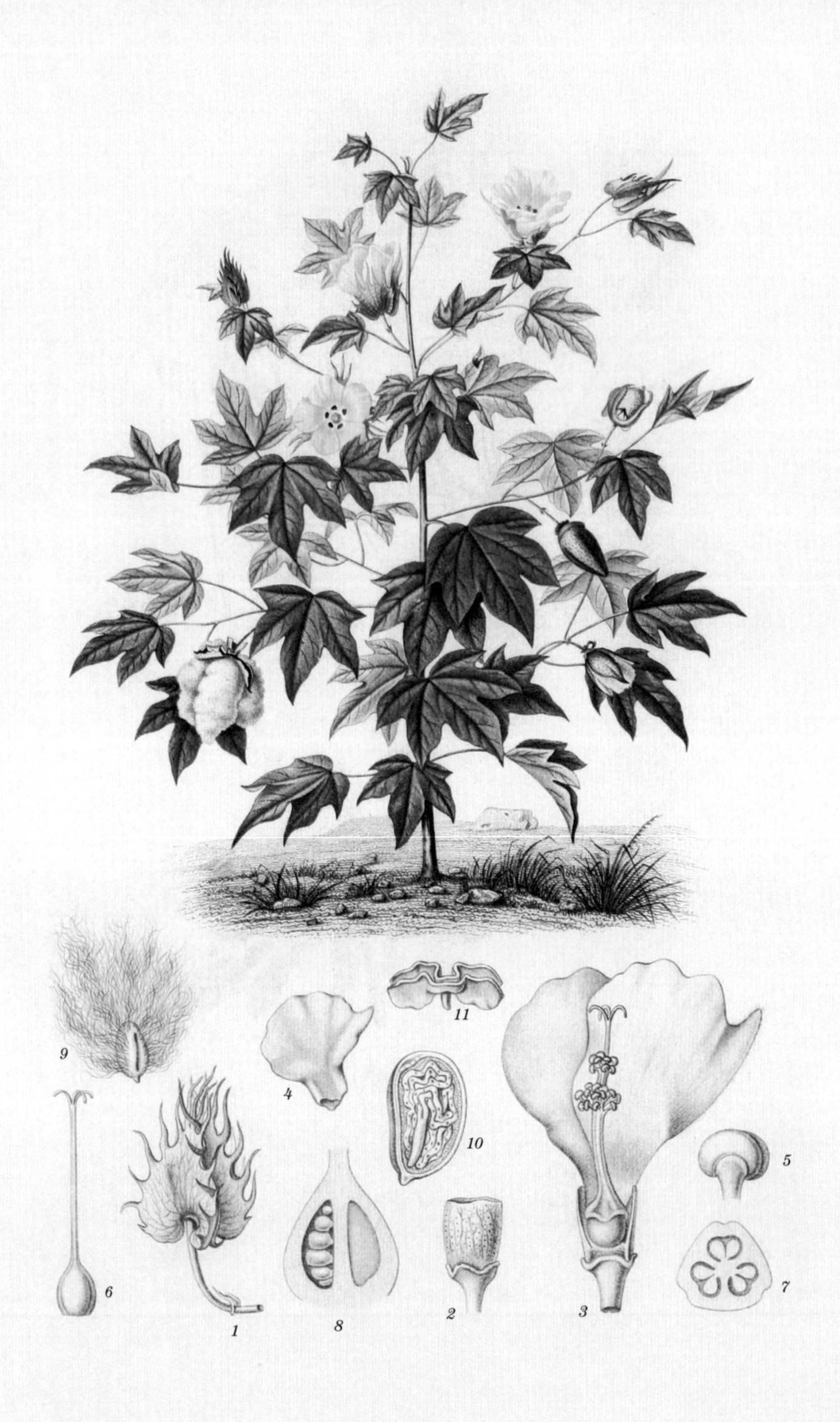

海岛棉

沃利克丹氏梧桐

山茶

钝头槭

柠檬

平铺木蓝

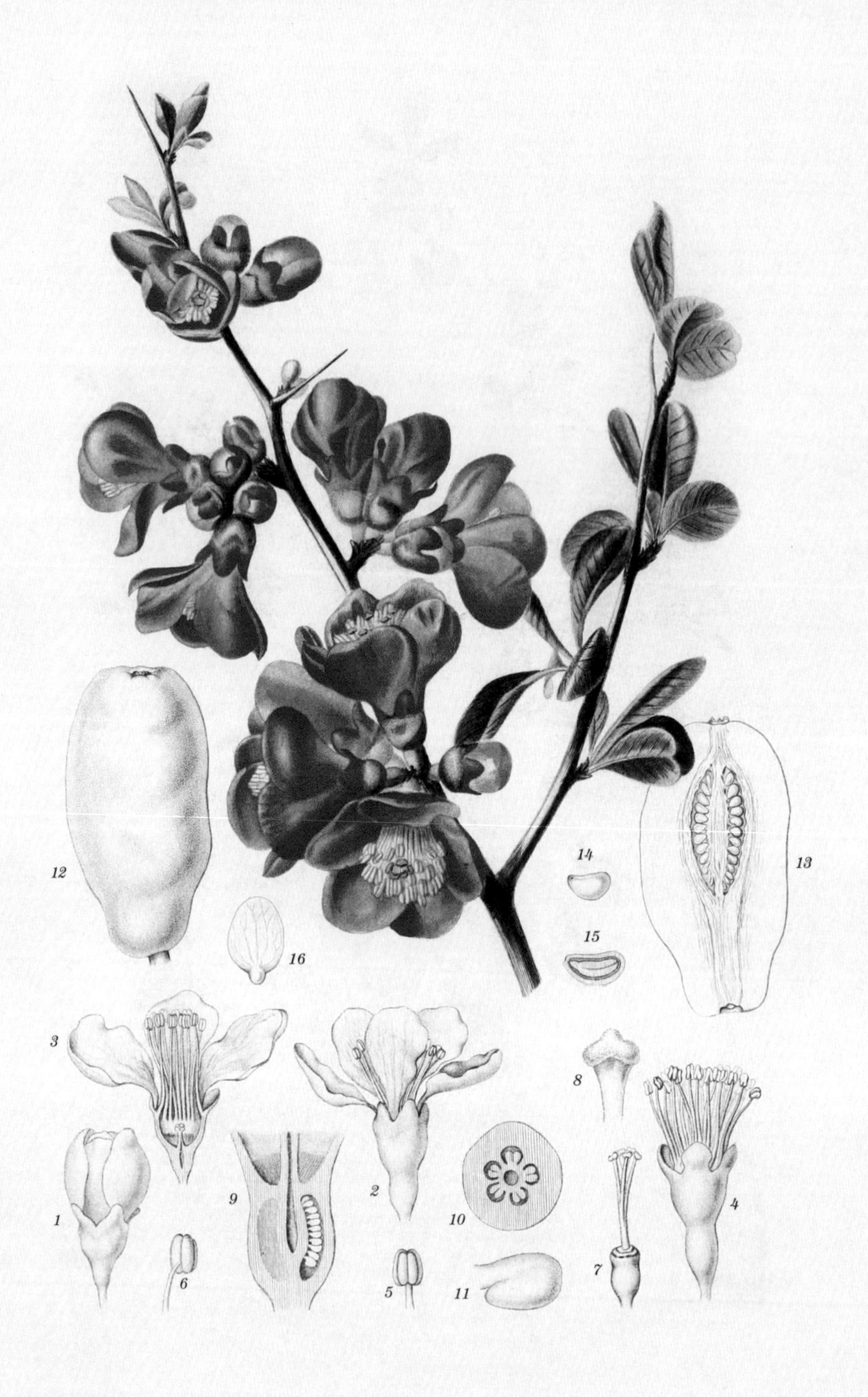

日本木瓜

洋蔷薇

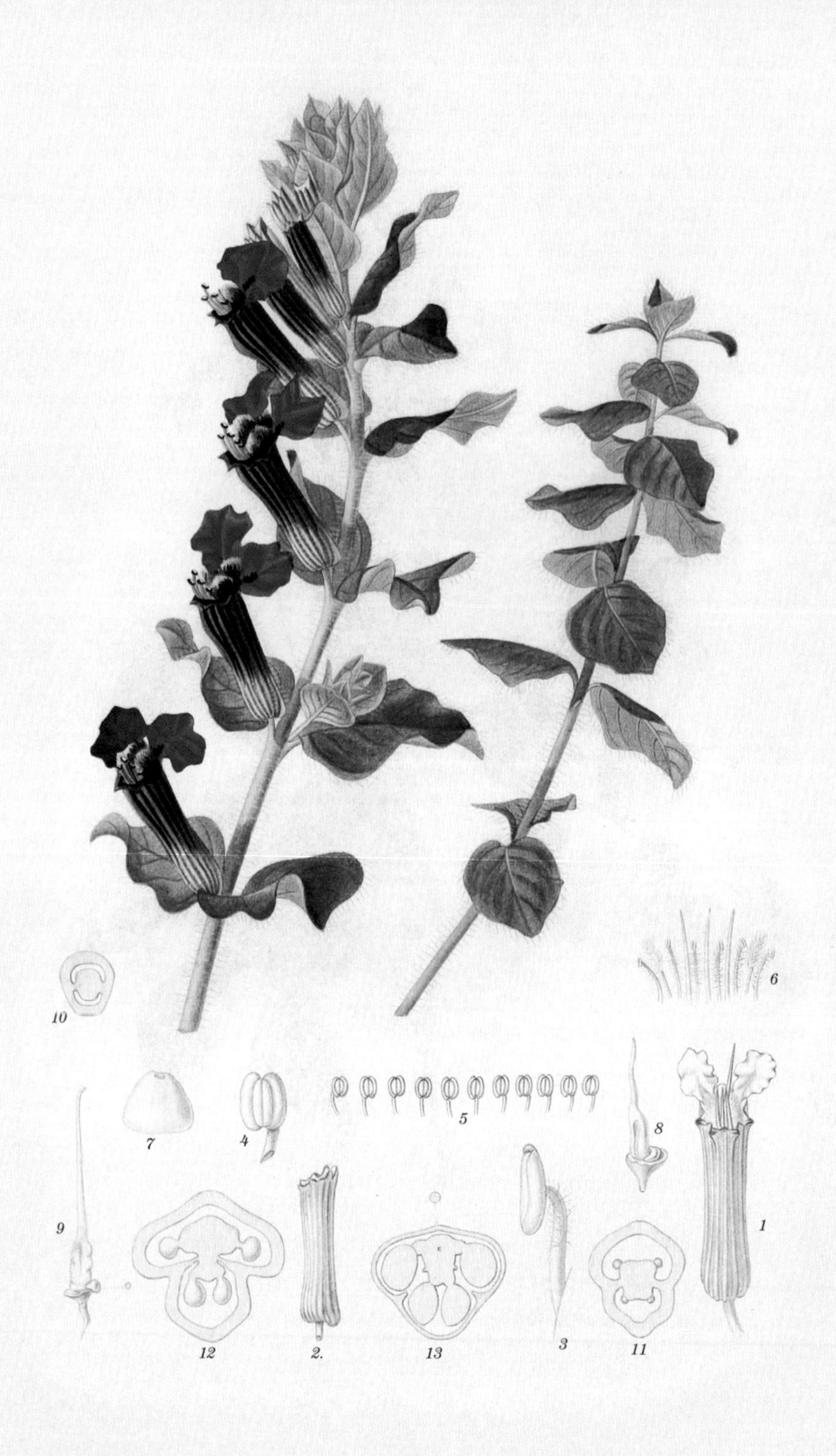

朱红萼距花

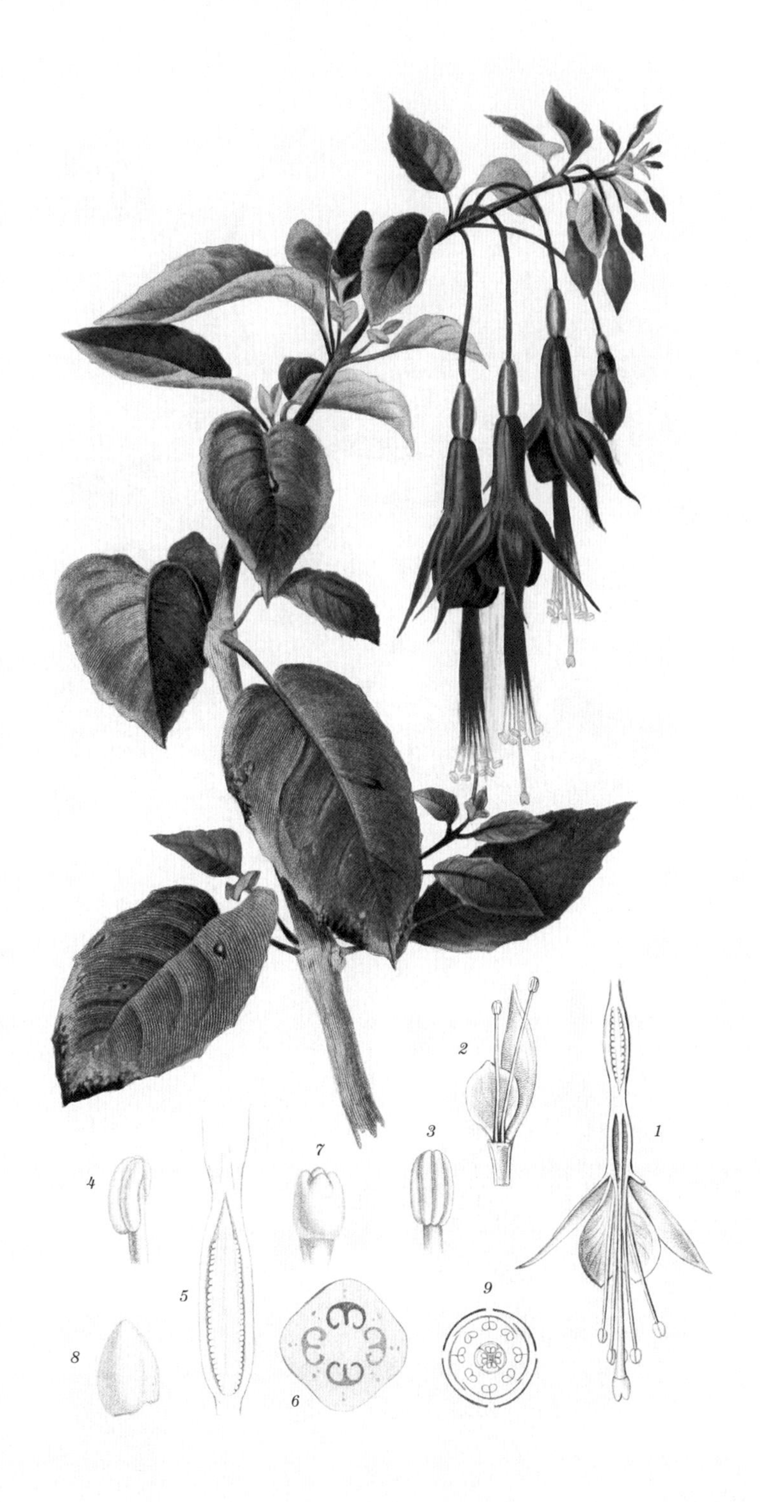

倒挂金钟

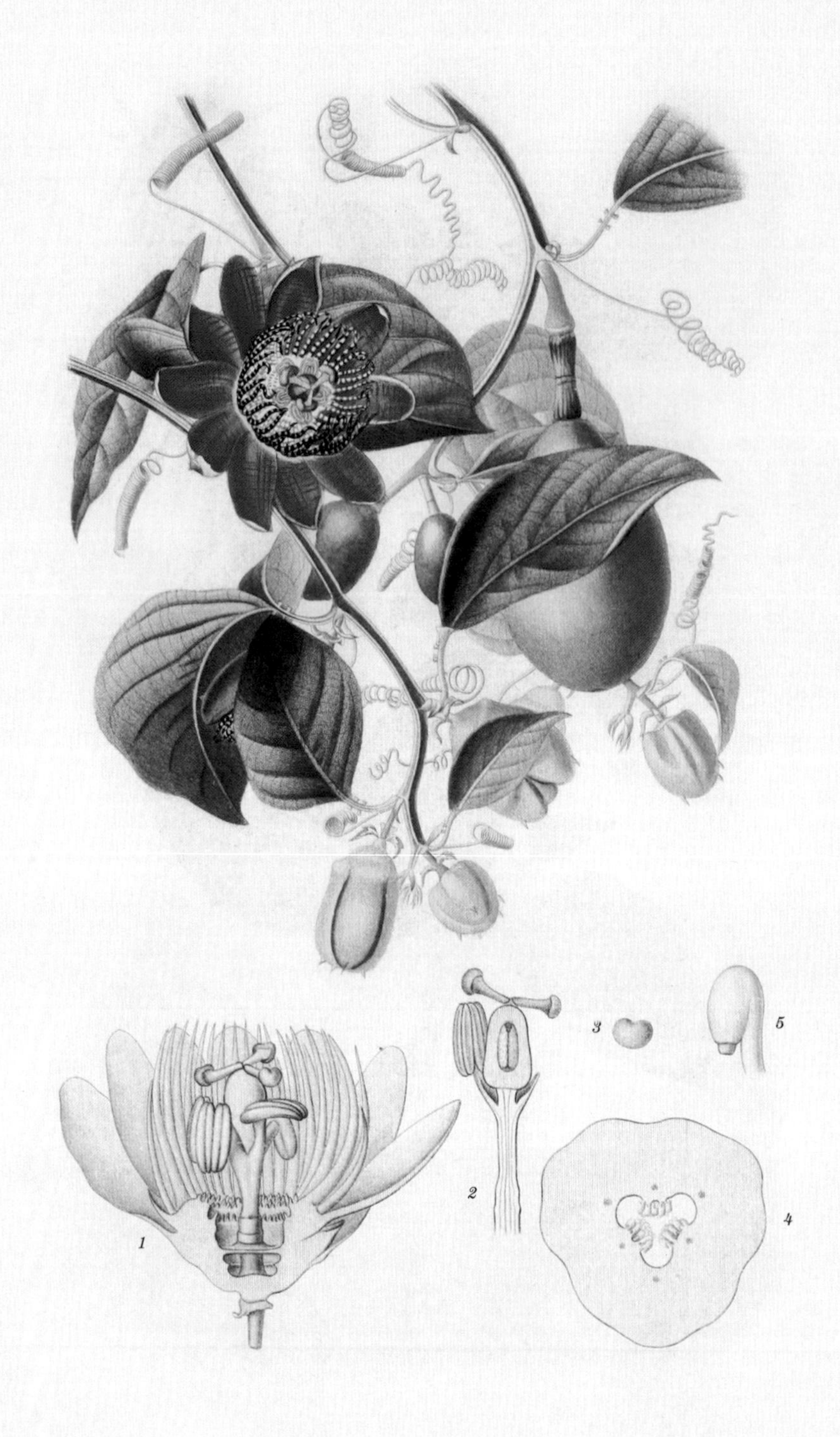

翅茎西番莲

金花茶藨子

大疣象牙丸

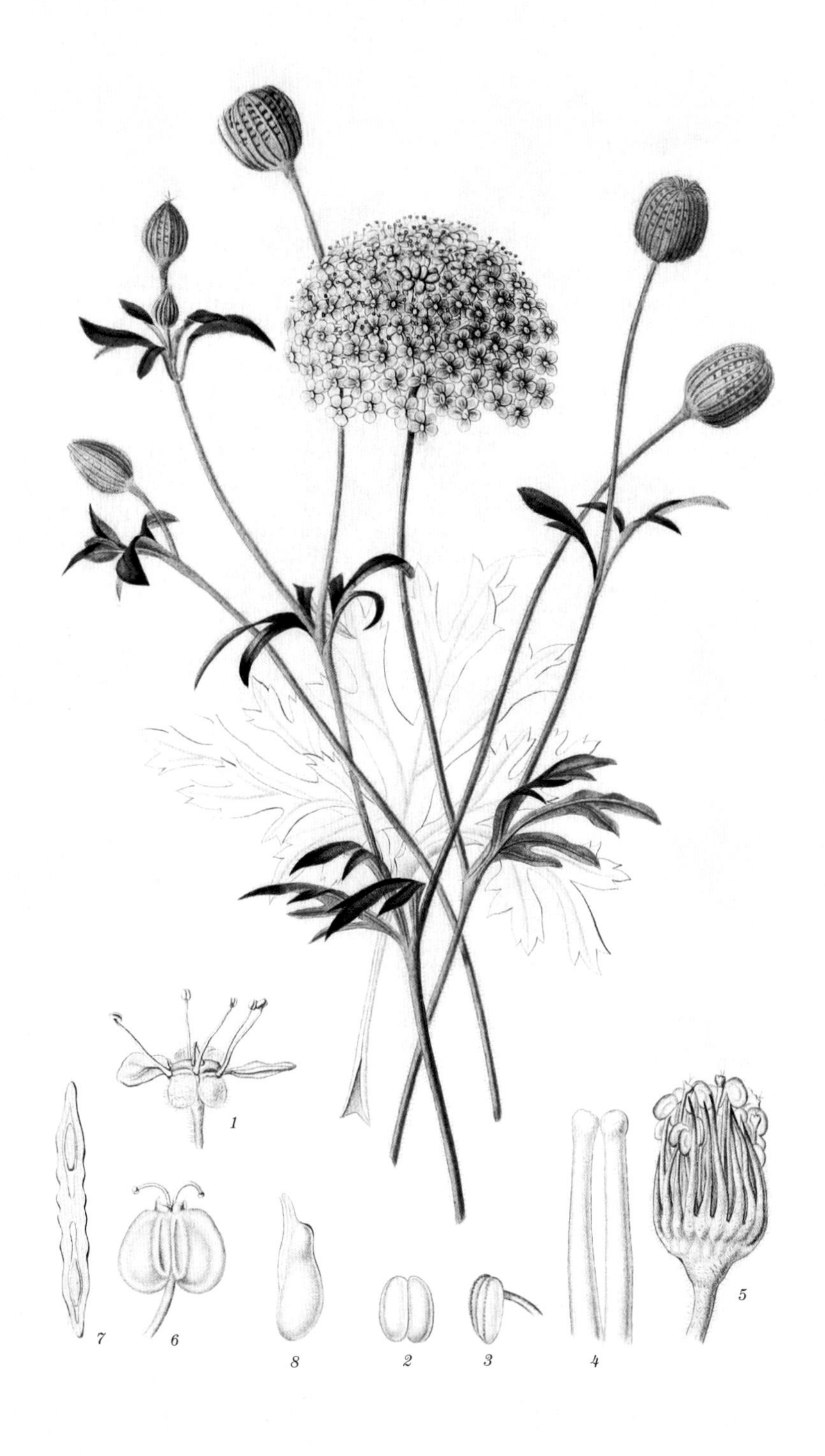

翠珠花

枣树

欧石南

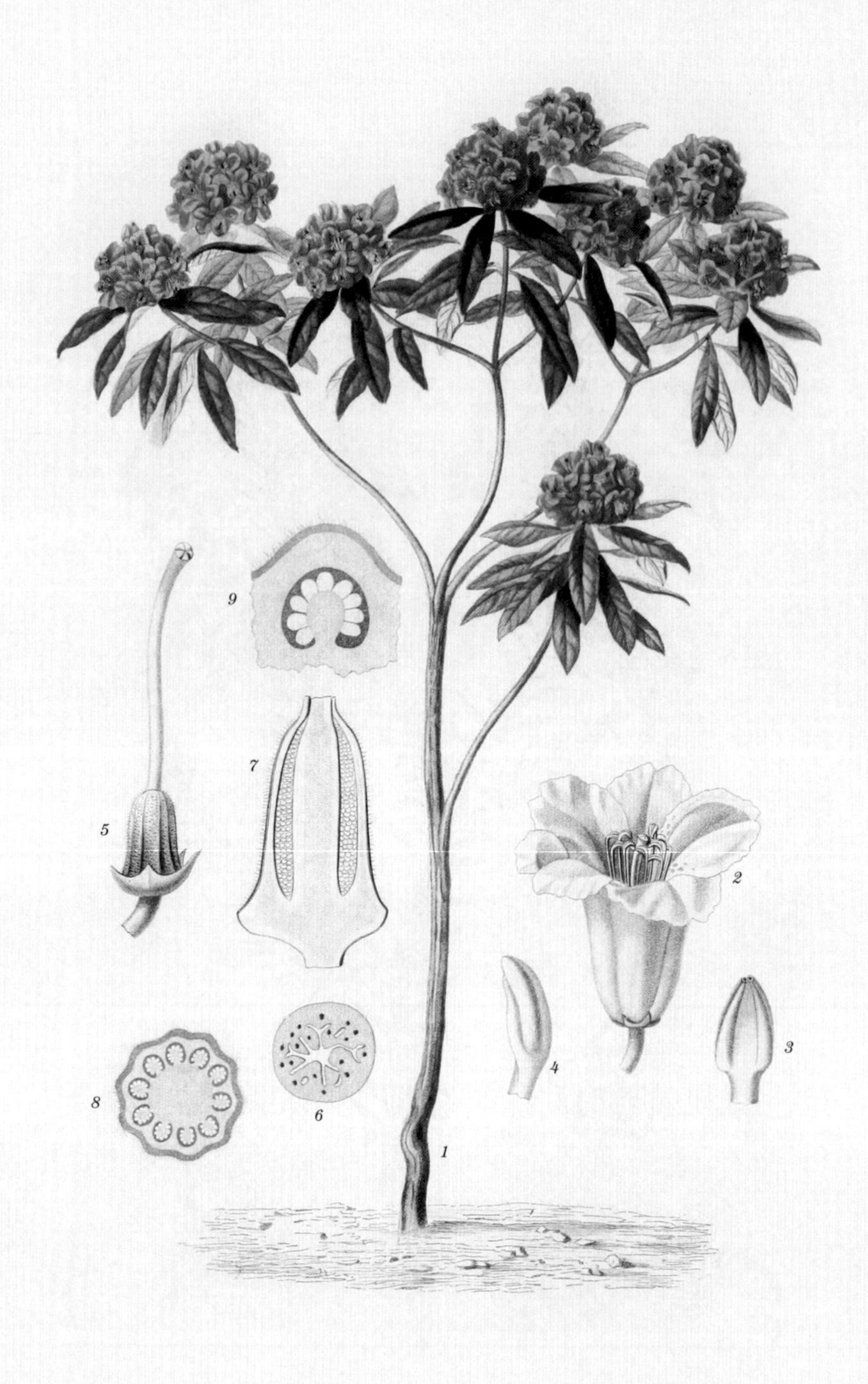

树形杜鹃

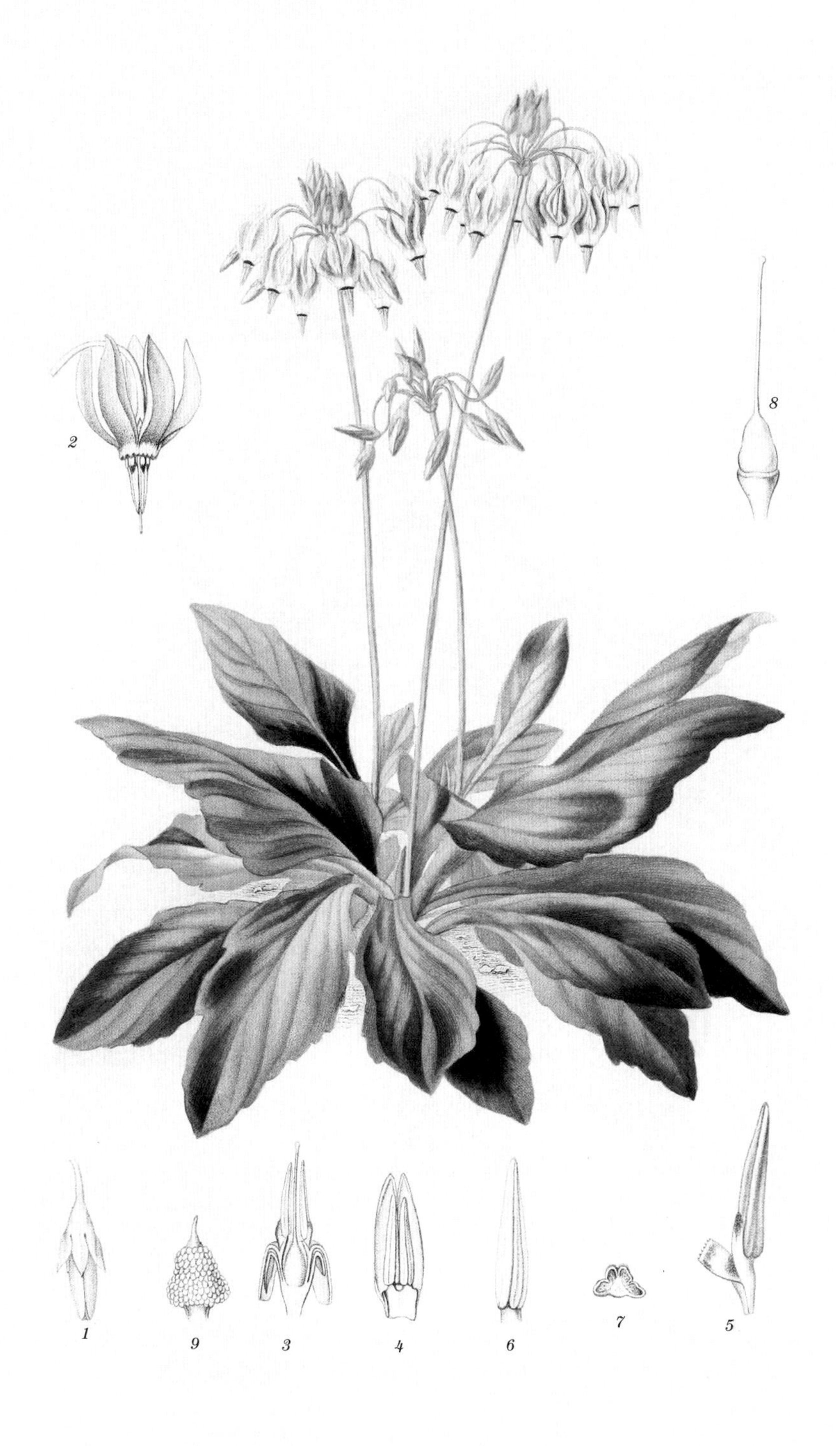

流星花

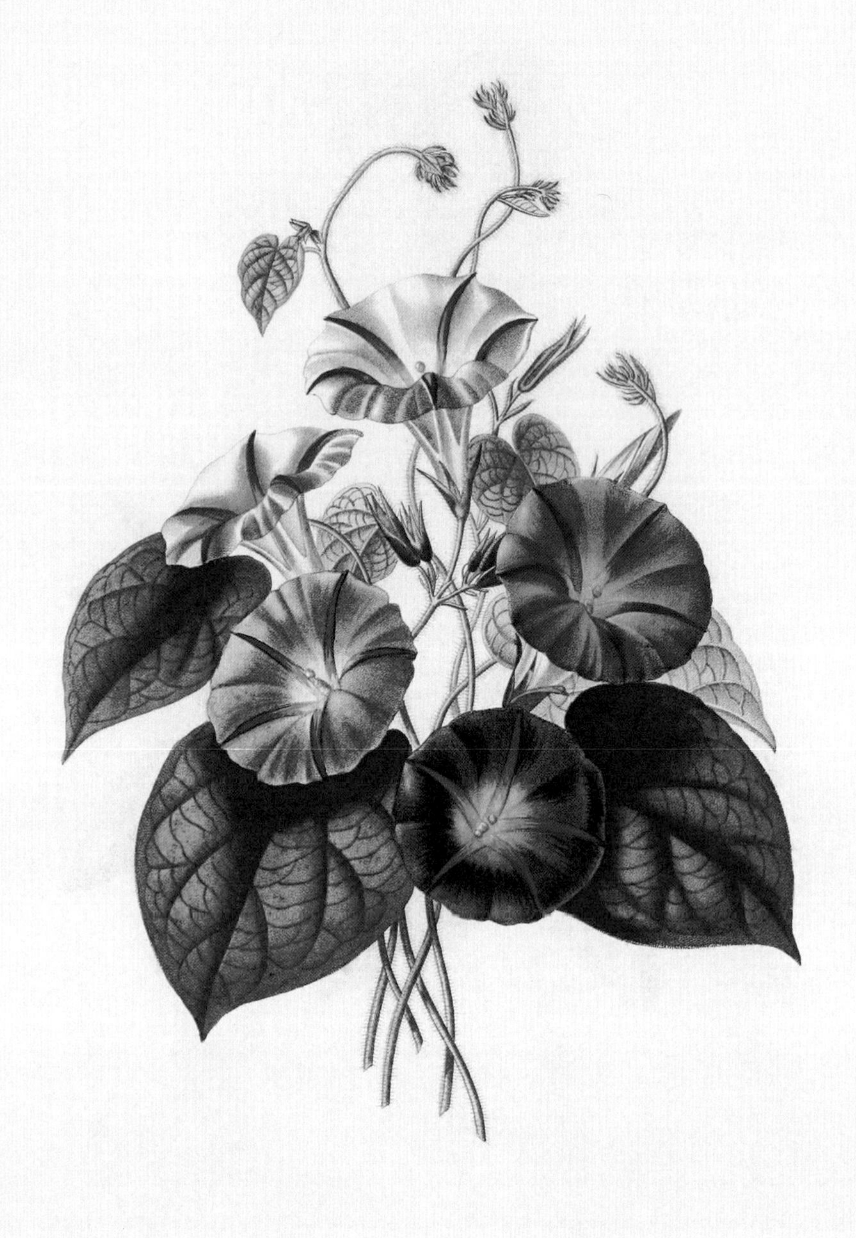

毛牵牛

大丽花

无茎苣苔花

雪花丹

巴西蔓炎花

杂色豹皮花

长蕊鼠尾草

紫云菜

美丽勒氏木

毛泡桐